HISTOIRE
DES ARBRES FORESTIERS

DE

L'AMÉRIQUE SEPTENTRIONALE.

Se trouve à Paris ; chez :

L'Auteur, place S. Michel, n°. 8 ;

Treuttel et Wurtz, rue de Lille, n°. 17 ; même maison, à Strasbourg.

Gabriel Dufour et Cᵉ., rue des Mathurins S. Jacques, n° 7.

Bossange et Masson, rue de Tournon, n°. 6.

Le Charlier, à Bruxelles.

A Philadelphie :

Chez Samuel Bradford and Inskeep, South 3.ᵈ Street.

HISTOIRE
DES ARBRES FORESTIERS

DE

L'AMÉRIQUE SEPTENTRIONALE,

CONSIDÉRÉS PRINCIPALEMENT
SOUS LES RAPPORTS DE LEUR USAGE DANS LES ARTS
ET DE LEUR INTRODUCTION DANS LE COMMERCE,
AINSI QUE D'APRÈS LES AVANTAGES QU'ILS PEUVENT OFFRIR AUX GOUVERNEMENS EN EUROPE
ET AUX PERSONNES QUI VEULENT FORMER DE GRANDES PLANTATIONS.

Par F.⁵ ANDRÉ-MICHAUX,

Membre de la Société Philosophique américaine de Philadelphie ; des Sociétés
d'Agriculture de la même ville, de celles de Charleston, *Caroline méridionale ;*
d'Hollowell, *District de Maine ;* du département de la Seine, et de Seine-
et-Oise.

> . . . . *arbore sulcamus maria, terrasque admovemus,*
> *arbore exædificamus tecta.*
> PLINI SECUNDI: *Nat. Hist.*, lib. XII.

TOME II.

PARIS,

DE L'IMPRIMERIE DE L. HAUSSMANN.

M. D. CCC. XII.

LES CHÊNES.

Dans la plus grande partie de l'Amérique septentrionale, comme en Europe, il n'existe pas d'arbre qui soit d'une utilité aussi réelle que le Chêne : par-tout son bois est réputé le meilleur dans les constructions navales, et par-tout on l'emploie de préférence pour la charpente des maisons, et généralement pour la confection des instrumens aratoires. Il semble aussi que cet arbre ait été répandu par la nature, en raison de son utilité. Sans parler ici des climats fort différens où il se trouve, objet dont je traiterai à la fin de ce précis, le nombre de ses espèces connues, déjà très - considérable, augmente tous les jours par les nouvelles recherches des voyageurs naturalistes, surtout dans le continent occidental, et l'on peut dire que le nombre de ses variétés est infini. Ce fut l'importance de ces diverses considérations qui détermina mon père, lors de son retour des Etats-Unis en France, à décrire et à faire graver les différentes espèces qu'il avoit reconnues dans le cours de ses voyages. Ce Traité, qui parut en 1801 , fut reçu avec intérêt par tous les botanistes et amateurs d'agriculture.

Je ne puis mieux faire connoître le genre d'arbre dont il est question, qu'en rapportant le morceau suivant, extrait de l'ouvrage de mon père.

« Le genre Chêne (dit-il, pag. 4 de son Introduction) renferme un grand nombre d'espèces qui
ne sont pas connues, et la plupart de celles qui
croissent en Amérique se présentent sous des formes si variées dans leur jeunesse, qu'on ne peut les
reconnoître sûrement qu'à mesure que l'arbre parvient à l'âge adulte.

« Souvent une variété intermédiaire paroît tellement rapprocher deux espèces, qu'il est difficile,
d'après l'examen de la foliation, de déterminer à
laquelle des deux cette variété doit appartenir.
Quelques espèces, sujettes à varier dans leur jeunesse, paroissent alors si différentes, que les caractères de la foliation sont insuffisans pour faire
reconnoître la même espèce dans les individus jeunes
et dans ceux qui sont adultes. Plusieurs autres, au
contraire, présentent une telle uniformité, que les
distinctions spécifiques ne peuvent être établies que
sur la fructification, laquelle est elle-même sujette
à des exceptions et à des variations. Ce n'est que
par des observations comparatives sur les individus
considérés dans l'âge adulte et dans l'adolescence,
qu'on peut parvenir à distinguer les espèces qui ont
entr'elles une grande affinité, et à rapporter les variétés à leur espèce.

« La description des Chênes de l'Amérique Septentrionale a été obscure jusqu'ici, par plusieurs
raisons : 1°. les botanistes qui ont visité ces pays,
n'ont donné que des observations isolées sur ces
arbres, et n'ont point eu égard aux caractères de la

fructification; 2°. les auteurs qui en ont traité d'après
eux, ont souvent réuni plusieurs espèces sous une
même dénomination; enfin, les figures qu'ils ont
données des Chênes d'Amérique que l'on cultive
en Europe, ne sont pas toujours exactes, parce
que leur accroissement y est retardé par une température qui leur est moins favorable que celle de
leur pays natal, et parce qu'ils y conservent plus
long-tems les variétés de foliation qui caractérisent
leur adolescence. [1]

« Pour éclaircir mes doutes, j'ai semé et cultivé
pendant mon séjour en Amérique toutes les espèces
que j'ai eu occasion d'observer et de recueillir, et
dès la deuxième année, j'ai eu la satisfaction de reconnoître toutes les variétés qui, lorsque je parcourois les forêts, m'avoient causé tant d'incertitudes.
En suivant avec attention et assiduité les variations
que certaines espèces éprouvent, jusqu'à ce qu'elles
soient parvenues à l'âge adulte, j'ai reconnu dans
les plus jeunes individus l'empreinte et le type de
leur espèce. C'est ainsi que je suis parvenu à reconnoître les rapports qui existent entr'elles. Pour en
faire le rapprochement, j'ai profité des moyens
que la nature elle-même sembloit me fournir; mais
si, d'un côté l'observateur, qui suit la marche de la
nature, parvient, par le rapprochement des espèces,
à les lier entre elles, d'un autre côté il se trouve

[1] Plusieurs des figures données par Du Roi, et celle de Plucknet, planches LIV, fig. 5, représentent des Chênes qni n'avoient point acquis l'état
de perfection que donne l'âge adulte.

très-embarrasé lorsqu'il s'agit de déterminer chaque espèce, et de lui assigner des caractères propres et différentiels.

« J'ai cherché à disposer les différentes espèces de Chêne d'Amérique, suivant une série naturelle. Pour y parvenir, j'ai pensé d'abord que les parties de la fructification me fourniroient des caractères propres à établir cette série; aucune ne m'en a offert les moyens, et je n'y ai trouvé que des distinctions de peu d'importance, telles que l'attache des fleurs femelles, tantôt presque sessiles, tantôt pédonculées; la grosseur des fruits, leurs différentes époques de maturité, etc. Il ne m'a pas été possible non plus d'établir une distinction suffisante, d'après la structure de la cupule. J'ai donc porté mes observations sur les feuilles; elles m'ont offert des distinctions plus frappantes, et je m'en suis servi pour établir deux sections dans ce genre. La première renferme les espèces à feuilles *mutiques,* c'est-à-dire dépourvues de pointes sétacées; j'ai rangé dans la seconde celles à feuilles, *dont le sommet ou les découpures sont terminées par une soie.*

« L'intervalle de temps qui s'écoule entre l'apparition de la fleur et la maturité du fruit, n'est pas le même dans toutes les espèces de Chêne; ce terme de la fructification, que j'ai présenté d'abord comme insuffisant pour établir les deux sections principales, m'a paru néanmoins assez important pour l'admettre comme caractère secondaire.

« Il est bien reconnu que toutes les espèces de

Chêne sont monoïques, et que dans le Chêne rouvre (*Quercus robur.* Linn.) et dans plusieurs autres espèces, les fleurs mâles sont situées sur les jeunes rameaux qui naissent au printemps, et que les fleurs femelles sont disposées sur ces mêmes rameaux au-dessus des fleurs mâles. On sait aussi que les unes et les autres sont axillaires; qu'immédiatement après la fécondation, les fleurs mâles se fanent et tombent, tandis que les fleurs femelles continuent leur accroissement, et parviennent, dans le cours de la même année, au terme de la fructification. C'est-là la marche ordinaire de la nature; mais il n'en est pas de même à l'égard de plusieurs espèces de ce genre, dans lesquelles les fleurs femelles, que l'on voit paroître au printemps, restent un an entier sans accroissement. Il est à présumer qu'elles ne sont pas fécondées dès la première année, puisque ce n'est qu'après le deuxième printemps qu'elles augmentent de grosseur, et parviennent à maturité. Il y a donc un intervalle de dix-huit mois depuis l'apparition de la fleur jusqu'au temps de la maturité du fruit. Ces considérations m'ont fourni deux divisions secondaires; l'une comprend les espèces que j'appelle à *fructification annuelle,* c'est-à-dire, auxquelles l'intervalle ordinaire de six mois suffit pour arriver au terme de la maturité du fruit; l'autre renferme les espèces dont la fructification est *bisannuelle,* c'est-à-dire, dont le fruit ne mûrit qu'au bout de dix-huit mois. Il faut remarquer que, lorsque la fructification est annuelle, elle reste toujours axillaire, tandis que, dans les

espèces où elle est bisannuelle, elle ne l'est que
pendant la première année; mais à la deuxième, et
lorsque les feuilles tombent, elle se trouve nécessairement isolée. Clusius en a fait la remarque à
l'égard du *Quercus cerris.* Linn., dont la fructification est bisannuelle; il s'exprime en ces termes :
« *Flores racematim compactos ut Quercus, è qui-*
« *bus uti nec in Quercu nascuntur caliculi, sed ii*
« *brevi crassoque pediculo annotinis ramulis adhœ-*
« *rent, non in foliorum alis, omninò hispidi,* etc. »
Clus. rar. pl. Hist. pag. 20.

« Il faut excepter ceux dont la fructification,
quoique bisannuelle, reste toujours axillaire, parce
que les feuilles ne tombent pas, tels que le *Quercus
coccifera.* Linn., et le *Q. virens.* Ait. J'observerai
aussi que, dans l'ancien continent, on trouve des
Chênes à fructification bisannuelle; tels sont le
Quercus cerris, Q. œgylops, Q. coccifera, Linn.,
Q. pseudosuber, Desf., *etc.* »

J'ai tiré beaucoup de remarques de l'ouvrage de
mon père; et la *disposition méthodique* qu'il a suivie dans l'arrangement des espèces, et dont il donne
les motifs raisonnés, s'est trouvée tellement d'accord
avec le résultat des observations qui me sont propres,
que j'ai cru ne pouvoir mieux faire que de l'adopter.
J'ai dû faire cependant quelques additions et recti-
fications à son travail; elles consistent principalement
dans l'intercalation de plusieurs espèces nouvelles,
et la suppression de deux de celles qu'il donne :
l'existence de l'une de ces espèces est très-douteuse,

et l'autre me paroît évidemment être un double emploi. Quelques-unes de mes figures sont en outre plus exactes, entr'autres celle du *Q. tinctoria.*

Mais ce qui distingue particulièrement l'ouvrage que je publie de celui de mon père, c'est que la partie économique y est traitée beaucoup plus au long et avec tous les détails que m'ont mis à même de recueillir mes nombreuses recherches à ce sujet, dans lesquelles j'ai eu pour but constant, d'abord, d'assigner le degré d'intérêt dans les arts que comporte chaque espèce, et ensuite, d'après cette première base et les considérations secondaires qui peuvent s'y joindre, d'indiquer celles qui méritent l'attention des Européens, et que les Américains eux-mêmes doivent préférablement conserver ou multiplier dans leurs forêts.

Si mon travail, sous les rapports précédens, a acquis quelque avantage sur celui de mon père, le sien, néanmoins, conservera toujours des titres à l'attention des botanistes et des amateurs de culture étrangère, par d'autres détails intéressans qu'il n'entroit pas dans mon plan de reproduire : les premiers y verront la citation des auteurs qui ont parlé avant lui des espèces qu'il décrit, et les seconds trouveront, à côté de chaque figure donnée, des feuilles de l'arbre parvenu au terme de son accroissement, les feuilles que portent les jeunes plants de ce même arbre, feuilles qui offrent des formes si différentes pendant les trois ou quatre premières années.

Les epèces, dont je dois donner la description,

sont au nombre de vingt-six, et partagées en deux sections : la première contient les espèces à fructification annuelle, et se compose de dix espèces; la seconde comprend celles à fructification bisannuelle, et en renferme seize. Des observations multipliées m'ont conduit à connoître que le bois des espèces de la première section est très-supérieur en qualité au bois de celles de la seconde, le seul Chêne vert excepté. La raison de cette différence est que, dans la première, le tissu du bois est plus serré, et que ses pores sont toujours plus ou moins remplis, tandis qu'au contraire ils sont entièrement vides dans les arbres de la deuxième section, dont le bois est par conséquent sujet à se détériorer beaucoup plus promptement.

Je ferai remarquer, avant de terminer cette courte Introduction, que LINNÉE, dans la troisième édition de son *Species plantarum*, publiée en 1774, n'a décrit que 14 espèces de Chêne, dont cinq seulement sont indiquées comme originaires du Nouveau Monde, et que, depuis cette époque, les recherches des voyageurs naturalistes ont tellement ajouté à cette nomenclature, surtout pour les espèces américaines, que le nombre de ces dernières, qui sont décrites dans la nouvelle édition du *Species plantarum*, publiée en 1805 par C.-L. Willdenow, s'élève actuellement à 44. Seize de ces espèces ont été reconnues, par MM. Humbolt et Bonpland, dans le vieux Mexique; et vingt-six, par mon père et par moi, dans les Etats-Unis et quelques contrées adjacentes.

J'ajouterai qu'il est très-probable que cette longue série d'espèces américaines sera encore augmentée par celles que l'on découvrira dans l'ouest de la Louisiane et dans *las provincias internas* de la nouvelle Espagne, situées entre les Etats-Unis et le vieux Mexique, pays immenses qui embrassent 3oo ou 4oo lieues d'étendue (15oo kilomètres), et qui n'ont jusqu'ici été explorés par aucun naturaliste.

Mais qu'on oublie pour un moment ces nouvelles richesses qu'attend la nombreuse famille des Chênes, et, ne s'occupant que des espèces découvertes jusqu'à ce jour, tant dans l'ancien que dans le nouveau Monde, que l'on compare leur nombre dans chaque continent, et l'étendue des pays où elles existent, on aura le résultat suivant :

En Amérique, 44 espèces, qui se trouvent toutes dans l'hémisphère boréal, entre les 48e et 20e degrés.

Dans l'ancien continent, 3o espèces, qui sont réparties dans les hémisphères austral et septentrional, à partir du 60e degré de latitude boréale.

Cet apperçu assez curieux, et que je crois généralement vrai, ne m'a pas paru déplacé ici. De pareils rapprochemens pourroient peut-être contribuer, plus qu'on ne le croit communément, au progrès de la botanique et de l'agriculture, et méritent une attention particulière de la part des voyageurs naturalistes. Depuis long-temps je forme le vœu (et ce vœu sera sans doute partagé par toutes les personnes qui prennent intérêt à la science) de les voir s'occuper de la géographie physique des plantes d'une manière plus approfondie qu'ils ne l'ont fait jusqu'à présent.

DISPOSITION MÉTHODIQUE
DES CHÊNES
DE L'AMÉRIQUE SEPTENTRIONALE.

Monoecie Polyandrie, Lin. *Famille des Amentacées*, Juss.

I.re DIVISION.

Fructification annuelle. Feuilles mutiques.

1.re SECTION. FEUILLES LOBÉES.

1. Quercus alba. . . . . . *White oak.*
2. Quercus olivæformis. . . *Mossy cup oak.*
3. Quercus macrocarpa. . . *Over cup white oak.*
4. Quercus obtusiloba.. . . *Post oak.*
5. Quercus lyrata. . . . . *Over cup oak.*

2.e SECTION. FEUILLES DENTÉES.

6. Quercus prinus discolor. . *Swamp white oak.*
7. Quercus prinus palustris. . *Chesnut white oak.*
8. Quercus prinus monticola. *Rock chesnut oak.*
9. Quercus prinus acuminata. *Yellow oak.*
10. Quercus prinus chincapin. *Small chesnut oak.*

II.e DIVISION.

Fructification bisannuelle. Feuilles mucronées (excepté dans la onzième espèce).

I.re SECTION. FEUILLES ENTIÈRES.

11. Quercus virens. . . . . *Live oak.*
12. Quercus phellos. . . . . *Willow oak.*
13. Quercus imbricaria. . . . *Laurel oak.*
14. Quercus cinerea. . . . . *Upland willow oak.*
15. Quercus pumila. . . . . *Running oak.*

2.º SECTION. FEUILLES LOBÉES.

16. Quercus heterophylla. . . *Bartram oak.*
17. Quercus aquatica. . . . *Water oak.*
18. Quercus ferruginea. . . . *Black jack oak.*
19. Quercus banisteri. . . . *Bear oak.*

3.ᵉ SECTION. FEUILLES MULTIFIDES.

20. Quercus catesbœi. . . . *Barrens scrub oak.*
21. Quercus falcata. . . . . *Spanish oak.*
22. Quercus tinctoria. . . . *Black oak.*
23. Quercus coccinea. . . . *Scarlet oak.*
24. Quercus ambigua. . . . *Grey oak.*
25. Quercus palustris. . . . *Pine oak.*
26. Quercus rubra. . . . . *Red oak.*

White Oak.

Quercus alba.

QUERCUS *ALBA.*

WHITE OAK.

Q U E R C U S *foliis subæqualiter pinnatifidis; laciniis oblongis, obtusis, plerumquè integerrimis. Fructu majusculo; cupulá crateratá, tuberculoso-scabratá; glande
ovatá.*

CET arbre est connu dans tous les Etats-Unis, ainsi
que dans le Canada et le pays des Illinois, sous le
nom de Chêne blanc, *White oak.* Les environs de
la petite ville des Trois-Rivières, latitude 46° 20',
et la partie inférieure de la rivière de Kennebeck,
dans le district de Maine, sont les points les plus
septentrionaux où mon père et moi avons commencé
à voir paroître cette espèce. Nous l'avons ensuite obser
vée, en suivant le cours de l'Océan jusqu'au-delà du
cap Canavéral, latitude 28°, et vers l'ouest, à partir
des bords de la mer, jusque dans le pays des Illinois;
ce qui comprend une étendue de plus de 400 lieues,
(1800 kilom.) du nord-est au sud-est, et un intervalle à-peu-près égal de l'est à l'ouest. Il s'en faut
cependant que cet arbre soit également répandu dans
cette vaste étendue de pays; car dans le district de
Maine, le bas Canada, et l'Etat de Vermont, il est
peu abondant, et sa végétation paroît même y être
restreinte par la rigueur des hivers. Il est également
assez rare dans toute la partie basse des Etats méridionaux, dans les Florides et la basse Louisiane;
car, comme je l'ai déjà remarqué à l'article du *Pinus*

australis, la très-grande portion de cette partie du
territoire des Etats-Unis est tellement sablonneuse
qu'elle n'offre qu'une forêt continue de Pins ; c'est
pour cette raison qu'on ne l'y voit que sur le bord
des marais, mêlé avec d'autres espèces d'arbres qui,
comme lui, ne peuvent pas s'accommoder d'un terrein trop sec et trop aride. On remarque encore que
les contrées où le sol est généralement d'une très-
grande fertilité, comme le Kentucky, le Ténessée,
le Génessée, et tous les spacieux vallons au milieu
desquels circulent les rivières de l'Ouest, sont aussi
très-peu fournis en Chênes blancs ; car je me ressouviens d'avoir voyagé des journées entières dans
ces Etats sans en apercevoir un seul. Il est vrai,
cependant, que le petit nombre de ceux qu'on y
voit, aussi bien que dans les Etats méridionaux, sont
magnifiques. D'après mes observations, ce sont donc
les Etats du milieu, y compris la Virginie, qui possèdent cet arbre en plus grande proportion. Il y
est certainement plus multiplié que partout ailleurs
dans les Etats-Unis, et notamment dans cette partie
de la Virginie et de la Pensylvanie, située au-delà
des monts Alléghanys, et qui se trouve comprise
entre ces montagnes et les rives de l'Ohio, dans une
étendue d'environ 150 milles, à partir de Brown-
wille, situé sur la rivière Mononghahela. Dans cet
intervalle, c'est plus particulièrement aux environs
de Greensburg, de Maconel'ville, d'Union-Ville
et de Washington, C. H., que j'ai vu de grandes
masses de forêts, dont les neuf dixièmes sont uni-

quement composés de cet arbre si utile, et dont la belle végétation annonce que la nature du terrein lui est là très-favorable, quoique la très-grande majorité des individus aient rarement au-dessus de 15 pouces (40 centim.) de diamètre. A l'est des monts Alléghanys, le Chêne blanc se trouve au contraire disséminé dans toutes sortes de terreins, et placé à toutes sortes d'expositions, pourvu que le sol ne soit ni trop sec ni exposé à être long-temps submergé; car j'ai constamment observé les plus gros Chênes blancs dans des endroits très-humides, tandis qu'à l'ouest des montagnes, où j'ai dit qu'il existoit en corps de forêts, le pays est légèrement montueux, le terrein est demi-argileux, de couleur jaunâtre, et entremêlé de pierres calcaires; terrein qui d'ailleurs donne constamment d'abondantes récoltes de froment, et d'une qualité très-supérieure pour la farine.

Il résulte donc de ce qui vient d'être dit, qu'une température trop rigoureuse, un sol trop aride ou trop aquatique, ou enfin d'une très-grande fertilité, sont autant de causes, qui font que pour le présent les diverses parties des Etats-Unis, que j'ai indiquées, et qui forment plus des trois quarts de leur étendue, sont très-peu fournies de cette espèce de Chêne, et que la quantité qui s'y trouve, ne subvient même qu'imparfaitement aux besoins locaux, quoique ces pays n'aient pas le quart des habitans qu'ils peuvent contenir.

De toutes les espèces de Chênes qui se trouvent dans l'Amérique septentrionale, et dont le nombre,

y compris celles du Mexique, s'élève à plus de 44
il n'en est aucune qui ait plus de ressemblance avec
le Chêne d'Europe, et notamment avec la variété
connue sous le nom de Chêne pédonculé, *Quercus
pedunculata,* dont elle approche beaucoup par son
feuillage et les bonnes qualités de son bois. Le Chêne
blanc de l'Amérique septentrionale s'élève de 70 à 80
pieds (25 à 26 mèt.) sur 6 à 7 pieds (2 mèt.) de diamètre,
proportions qui d'ailleurs varient, eu égard à la nature
du sol et à la température du climat : ses feuilles sont
découpées plus ou moins profondément, et elles m'ont
semblé l'être d'autant plus, que les arbres auxquels
elles appartiennent croissent dans des lieux très-humides; les lobes ou divisions sont toujours arrondies à
leur partie supérieure, et ne sont jamais terminées
par un angle aigu ou une pointe très-fine, comme dans
beaucoup d'autres espèces. Peu de tems après leur
développement, au printems, elles sont rougeâtres
en-dessus, et blanches et veloutées en-dessous; mais
lorsqu'elles ont acquis toute leur grandeur, elles
sont lisses et d'un vert tendre en-dessus, et glauques
ou blanchâtres à leur partie inférieure. A l'automne,
elles deviennent d'un violet clair, ce qui donne à
cet arbre une couleur très-singulière, et le fait con-
traster agréablement, soit qu'il soit isolé ou appuyé
sur d'autres arbres dont le feuillage n'a pas encore
été altéré à cette époque de l'année par les premiers
froids.

J'ai encore observé que c'est la seule espèce de
Chêne qui, dans le cœur de l'hiver, conserve quel-

ques feuilles desséchées, lesquelles ne tombent qu'au mouvement de la séve. Ce caractère, joint à la couleur de son écorce qui est très-blanche, et d'où lui est venu le nom de Chêne blanc, peut aider à le reconnoître immédiatement au milieu de l'hiver. Ses glands, assez gros et très-doux, sont séparés ou réunis deux à deux et contenus dans une cupule peu profonde, tuberculeuse et grisâtre. Celle-ci est supportée par des pédicules de 8 à 10 lignes (2 centim.) de longueur, attachées aux pousses de l'année, comme dans toutes les espèces à fructification annuelle.

La fructification du Chêne blanc est rarement abondante, car il arrive fréquemment que pendant plusieurs années de suite, dans de très-grandes étendues de forêts, très-garnies de cette espèce de Chêne, on trouveroit à peine quelques poignées de ses glands. Quelques Chênes blancs donnent des glands d'un bleu foncé; mais il paroît que ces arbres sont en très petit nombre, car je n'ai jamais rencontré que deux individus qui offrissent cette singulière variété, quant aux fruits seulement; l'un, qui est un très-bel arbre et très-sain, existe dans le parc de M. W. Hamilton, à Woodland, près Philadelphie, et l'autre je l'ai trouvé dans la Virginie.

Le tronc du Chêne blanc est revêtu d'une écorce très-blanche, sur laquelle on voit souvent de larges taches noires; dans les arbres au-dessous de 15 à 16 p^ces (40 centim.) de diamètre, l'épiderme se partage carrément, tandis que dans les vieux individus, qui croissent dans les lieux humides, elle se présente sous la forme de lames superposées latéralement, disposition qui commence à se faire remarquer dans les premières grosses branches. Le bois du Chêne blanc est rougeâtre et très-semblable à celui du Chêne de l'ancien continent, mais il est moins pesant et moins compacte; c'est ce dont on se convaincra facilement en fendant à la hache des morceaux de l'un et de l'autre et à-peu-près de la même grosseur. On observera alors que dans celui d'Amérique les nombreux canaux, qui correspondent aux intervalles des couches annuelles, sont moins remplis, et présentent beaucoup plus de vides. Son bois n'en est pas moins, de toutes les espèces de Chênes que je me propose de décrire, celui qui est le meilleur et dont l'usage est le plus général; car il a beaucoup de force, il résiste très-long-temps à la pourriture, et on peut en obtenir des pièces d'une très-grande dimension. Il est très-employé dans les constructions civiles, quoiqu'il le soit moins qu'il ne l'a été autrefois, parce qu'il est devenu beaucoup plus rare et beaucoup plus cher.

A Philadelphie, à Baltimore, et dans les autres petites villes des Etats du centre, lorsqu'on veut donner aux maisons que l'on construit, soit en briques ou en bois, une solidité qui en assure la durée, on emploie le Chêne blanc pour les soles, les solives, les chevrons, et les lattes sur lesquelles repose la couverture. A l'ouest des monts Alléghanys, où l'on n'est pas à portée de se procurer des planches de Pins, on s'en sert encore pour faire les planchers et pour entourer extérieurement la charpente des maisons en bois; c'est principalement à Maconel-Ville, Union-Ville et Washington, C. H. , que j'ai remarqué qu'on en faisoit cet emploi; mais il n'y convient que très-imparfaitement, car débité en planches il se tourmente, se fend, et ces planches laissent entre elles de grandes ouvertures.

On en fait beaucoup usage dans la construction des moulins et des digues, et surtout pour toutes les parties qui sont exposées aux alternatives de la sécheresse et de l'humidité.

Le pont en bois, qui unit Cambridge à la ville de Boston, et qui après de 3ooo pieds (100 mètres) de longueur, est soutenu par des pieux de Chêne blanc, qui ont de 14 à 5o pieds (5 à 16 mètres) de long, et qu'on a substitués à ceux qui avoient été faits précédemment en bois de *Pinus strobus*.

Les bonnes qualités du bois de cet arbre le font employer de préférence à un grand nombre d'usages, et notamment à une grande partie du charronnage. Cette branche d'industrie est surtout très-perfectionnée à Philadelphie, et tous les ouvrages en ce genre, qui s'y fabriquent, tant pour le pays, que pour l'exportation, sont fort estimés à cause de leur solidité; ainsi, le bois du Chêne blanc bien sec est employé, dans les voitures et les chariots, pour la charpente, y compris la flèche; dans les traîneaux, pour le train; dans les charrues, plus spécialement pour l'épaulard; dans les herses, pour les dents, lorsque celles-ci ne sont point faites en fer; dans

les roues, pour les jantes et les rayons, mais seulement pour ces dernières pièces, dans celles de
carrosses et de cabriolets. Dans les campagnes des
Etats du Nord, du milieu et de l'Ouest, on en fait
aussi les moyeux; mais, comme ils sont très-sujets à
se fendre, il m'a semblé qu'il n'étoit pas très-propre
pour cet objet. Les fabricans de chaises, dites de
Windsor, l'emploient partout, excepté dans le district de Maine, pour en faire la pièce circulaire destinée à en former le dos. Le bois des jeunes Chênes
blancs est fort élastique, et susceptible de se diviser
en lames très-minces et très-petites. On en fabrique
tous les paniers communs, destinés à mettre le maïs
et à apporter les légumes au marché; le tour des tamis
et même le fond de ceux à grillage de bois; les
manches de fouets des voituriers, qui sont tressés
et couverts en cuir. On s'en sert aussi à Boston pour
les anses des seaux; et dans le district de Maine,
pour les manches de coignées.

Dans beaucoup d'endroits des Etats du milieu, on
emploie, autant qu'on le peut, le bois de cet arbre
pour les pieux destinés à soutenir les clôtures des
champs cultivés; mais de l'autre côté de Laurel-Hill
(Pensylvanie), elles en sont entièrement formées,
tant il est abondant dans cette partie des Etats-Unis.

Dans le tannage des peaux, l'écorce de Chêne blanc
est reconnue par beaucoup de tanneurs comme préférable pour la préparation des cuirs de selles et
autres de cette nature; mais elle est fort rarement
employée, parce que, comme on ne se sert dans ce

pays que des écorces prises sur le tronc des grands arbres et sur leurs premières branches, on a remarqué que la partie cellulaire où réside le principe tanin est, dans le Chêne blanc, beaucoup moins épaisse que dans le Chêne rouge, qui est d'ailleurs beaucoup plus commun.

On m'a assuré que l'écorce de cet arbre donnoit une couleur purpurine : quoique je ne l'aie pas vu employer pour cet usage, je pense que la chose est vraie, car elle m'a été répétée par des personnes qui habitoient à plusieurs centaines de milles les unes des autres. Cependant il paroît que cette couleur n'est pas assez intense, ou n'est pas très-solide, car bien certainement le commerce s'en seroit emparé, comme il a fait du *Quercitron*, produit par le *Quercus tinctoria*. A cette occasion, je me permettrai de relever une erreur qui a été commise dans l'art. Ier. de la loi sur les Douanes, du 1er. nivôse....... ainsi conçu : « L'écorce de *Chéne blanc* moulue, connue sous le « nom de *Quercitron*, paiera, à l'entrée du territoire « de l'Empire, etc. » Ce n'est pas le *Chéne blanc* qui donne le *Quercitron*, c'est le Chêne noir, *Black oak Quercus tinctoria*. On se tromperoit donc étrangement, si on demandoit, pour avoir cette substance, de l'écorce de l'arbre dont je donne la description. Il n'existe qu'une seule autre espèce de Chêne dans les Etats-Unis, qui puisse également la donner ; mais elle n'est pas susceptible d'en fournir au commerce, par les raisons que je ferai connoître lorsque j'en donnerai la description.

Le Chêne blanc est encore de toutes les espèces de ce genre qui croissent à l'est du Mississipi, le seul qui puisse fournir le merrain propre à contenir les liqueurs spiritueuses et les vins qui viennent d'Europe. Non seulement ce qui s'en emploie pour cet objet est très-considérable, mais la consommation en est prodigieusement augmentée par ce qui s'en exporte tant en Angleterre que dans les colonies des Indes occidentales et aux îles Madère et de Ténériffe. Le Chêne à poteaux est la seule espèce qui pourroit le remplacer aussi avantageusement ; mais cet arbre, quoique assez commun dans le Maryland et la Virginie, n'y est pas même assez multiplié, pour subvenir aux besoins de ces deux Etats.

Le Chêne-Châtaignier de montagne et le Chêne blanc aquatique, dans les Etats du Nord et du milieu ; le Chêne-Châtaignier des marais et le Chêne à glands, dans ceux du Midi, sont les seules espèces qui, après le Chêne blanc et le Chêne à poteaux, pourroient aussi contenir les liqueurs spiritueuses ; mais l'expérience a sûrement appris que ce ne seroit que très-imparfaitement et au désavantage de ceux qui les emploieroient à cet usage ; car encore que ces bois ne laissassent pas échapper par leurs pores ces liqueurs et les huiles fines, ils sont assez poreux pour en absorber une assez grande quantité. Enfin, quand bien même ces diverses sortes de Chênes réuniroient toutes les qualités requises pour cet usage important, elles sont si peu multipliées, que, si on les exploitoit pour cet objet, dans le cours de moins de dix années, tout ce qui en existe dans les Etats-Unis en seroit disparu.

Le Chêne blanc lui-même a le grain moins serré que celui d'Europe; c'est ce qui a été bien reconnu à Bordeaux, où l'on préfère celui qui croît dans le pays, ou qui y est importé de Dantzick; et si, dans les colonies des Indes occidentales et à l'île Madère, on se sert exclusivement de celui qui vient de l'Amérique septentrionale, c'est qu'on l'obtient bien plus aisément et à beaucoup meilleur marché.

Comme objet d'exportation, le merrain de Chêne blanc s'expédie de tous les ports des Etats du Nord et du milieu, ainsi que de la nouvelle Orléans; celui qui vient d'abord de Norfolk et de Baltimore, de même que ce qui descend à la nouvelle Orléans des Etats de l'Ouest, est d'une qualité fort supérieure à celui qui se fabrique dans les Etats du Nord; ce qui doit être ainsi à cause de la température du climat et de la nature du sol dans lequel croissent les arbres qui le produisent.

La quantité de merrain de Chêne blanc, exportée en Angleterre et surtout aux colonies occidentales, est assez considérable, à en juger d'après deux documens officiels qui sont parvenus à ma connoissance. Par le premier, il résulte qu'il a été importé des Etats-Unis en Angleterre, dans le courant de 1808, pour un peu plus de 146,000 dollars (770,000 francs) de douves de différentes sortes, et dans les colonies des Indes occidentales, une quantité égale à celle de plus de 53 millions de douves ; mais j'ignore dans l'un et l'autre cas, la proportion qui existe entre le merrain de Chêne blanc et celui de Chêne rouge , qui furent exportés et qui le sont encore. Je présume cependant qu'il s'en exporte plus du premier en Angleterre , et davantage du second dans les colonies des Indes occidentales. Le prix du merrain , soit de Chêne blanc , soit de Chêne rouge, a varié d'une manière extraordinaire depuis environ 100 ans. En 1720 , les douves propres à faire des barriques, se vendoient à Philadelphie 3 dollars (15 francs) le millier ; en 1798, 18 dollars (95 francs), et au mois de février 1808, elles valoient 30 dollars (155 fr.). A Liverpool, avant l'embargo sur les navires américains, en août 1807, elles étoient cotées dans les prix courans , environ à 55 dollars (275 francs) , et après l'embargo, en avril 1808, à 100 dollars (525 francs) le millier. On se tromperoit, je pense, beaucoup si on attribuoit la grande différence du prix de 1720 , à celui des temps actuels , seulement à la grande diminution de cette espèce d'arbre ; elle tient à beaucoup d'autres causes qu'il seroit trop long de déduire ici.

On se sert encore avantageusement du jeune Chêne blanc pour cercles à barriques , et il remplit très-bien cet objet à cause de sa grande élasticité ; cependant, sous ce rapport, il est moins estimé que l'Hickery, qui est plus fort et moins sujet à se pourrir aussi promptement.

Parmi les nombreux usages auxquels j'ai dit que le bois du Chêne blanc étoit plus particulièrement adapté dans les Etats-Unis, il n'en est aucun où il soit aussi nécessaire que dans les constructions navales, et pour lesquels il ne pourroit être remplacé aussi avantageusement. Ainsi, dans tous les chantiers de constructions des Etats du centre et du Nord, excepté le district de Maine, on s'en sert presque exclusivement pour la quille et toujours pour la charpente inférieure et les bordages : les genoux sont aussi, autant qu'on le peut, de ce bois; mais comme les pièces qui y sont propres sont assez difficiles à se procurer, on est obligé actuellement de les tirer de quelques autres espèces d'arbres. Dans les ports de mer du second ordre, situés entre New-York et Boston, et au-delà de cette ville, la charpente supérieure est aussi en Chêne blanc; mais ces navires, dont tout le corps est alors de cette espèce de bois, sont moins estimés que lorsque cette partie est faite avec d'autres sortes qui sont plus durables. On sait encore que le Chêne blanc de cette portion des Etats-Unis est inférieur en qualité à celui qui vient plus au midi, parce que le grain en est moins serré.

A Boston, les gournables, ou chevilles destinées à maintenir les bordages sur les membrures, sont aussi faites en Chêne blanc.

Pour avoir des idées positives sur le degré de bonté comparatif du Chêne blanc de l'Amérique septentrionale, et du Chêne d'Europe, *Quercus pedunculata*, j'ai consulté, dans la plupart des ports de mer des Etats-Unis, des constructeurs et des chefs d'ouvriers américains, français et anglais, et presque tous sont d'accord que le Chêne d'Europe est plus durable, parce que, comme j'ai eu déjà occasion de le dire, son grain est plus serré, et par suite plus résistant que le Chêne blanc; mais que ce dernier a l'avantage d'être plus élastique, car, lorsqu'il s'agit de courber des pièces d'un grand diamètre, il faut beaucoup moins de temps et la moitié moins de poids; mais que cet avantage, qui véritablement en est un dans les constructions maritimes, ne compense pas le défaut qu'il a d'être plus poreux; que cependant l'expérience apprend tous les jours que les arbres provenus des endroits très-anciennement habités, donnent des bois beaucoup meilleurs, et que si les vaisseaux américains ne sont pas aussi durables, c'est plutôt parce qu'on ne laisse pas assez dessécher les matériaux dont ils sont construits.

On peut juger, par la quantité de Chêne blanc qui s'emploie dans les constructions navales, dans la bâtisse des maisons, dans les arts mécaniques et dans les clôtures des champs, combien la consommation en est considérable; et cette consommation est encore fort augmentée, par ce qui s'en exploite pour fournir au commerce d'exportation, et dont la plus grande partie passe en Angleterre.

Dans les Etats-Unis, ces expéditions se font seulement des ports des Etats du Nord et du milieu, d'où il est envoyé en pièces équarries et en planches de différentes épaisseurs : ce qui en est encore importé en Angleterre, par la voie de Quebec, est tiré des bords du lac Champlain, situés dans les limites du territoire des Etats-Unis; car le bas Canada, les rives du fleuve Saint-Laurent, au-dessus de Mont-Réal, et les bords du lac Ontario, ne doivent, pour le présent, d'après mes conjectures, fournir tout au plus que ce qui est nécessaire à la consommation des habitans de ces contrées.

Dans un extrait de la douane du fort Saint-Jean, que j'ai déjà eu occasion de citer, la quantité de bois de Chêne qui est passée par ce poste, pendant les six premiers mois de l'an 1807, est portée à 143,000 pieds cubiques (46,000 mètres). Oddy, dans son Traité sur le commerce d'Europe, dit que dans les chantiers de constructions maritimes, en Angleterre, on a reconnu que le bois de Chêne blanc, qui venoit de cette partie de l'Amérique septentrionale, étoit de fort bonne qualité. Tout en voulant bien partager cette opinion jusqu'à un certain point, je pense cependant que celui qui est importé des ports de Baltimore et de Philadelphie, doit lui être fort supérieur par les raisons que j'ai données en parlant du merrain.

Avant de terminer l'histoire du Chêne blanc, dans laquelle j'ai fait connoître, autant qu'il m'a été possible, toutes ses propriétés, et par suite son importance dans les Etats-Unis, je me permettrai de hasarder une conjecture sur les résultats de la négligence qu'on met dans le pays à la conservation et à la reproduction de cet arbre; négligence à laquelle ni le gouvernement fédéral, ni celui des Etats en particulier, ne peuvent remédier; car ils ne possèdent, que je sache, aucun corps de forêts. Je pense donc qu'avant 50 ans, eu égard à l'augmentation de la population, aux défrichemens considérables qui auront forcément lieu ; enfin à l'appauvrissement du sol, résultat de l'altération du climat, les Etats du centre, qui sont actuellement les plus garnis de cette espèce de Chêne, seront ceux qui en fourniront le moins, tandis qu'au contraire, dans le Kentucky, le Tenessée, le Génessée et autres parties plus au nord, où j'ai dit qu'elle étoit peu multipliée, elle le sera beaucoup plus, et que très-probablement, dans les forêts qui existeront alors dans ces contrées, elle remplacera en grande partie les essences qui les composent aujourd'hui, et qui ne trouveront plus dans la nature du sol assez de fertilité pour s'y reproduire; ainsi, près de la rivière de Kennebeck, au milieu des forêts primitives, composées de Hêtres, de Bouleaux à canot, d'Erables à sucre et de Pins du Canada, j'ai vu de petits cantons anciennement défrichés, puis abandonnés, qui s'étoient naturellement recouverts de Chênes blancs et de Chênes gris, tandis que dans la basse Virginie j'ai remarqué que de mauvais Chênes rouges et des Pins, *Pinus mitis* et *Pinus tæda*, en grande abondance, remplaçoient des arbres d'une meilleure qualité. Les vallons, au milieu desquels circulent les rivières à l'est des montagnes, sont, à quelques exceptions près, les seuls endroits où pourroit se faire cette heureuse métamorphose ; mais ces terreins sont trop précieux pour la culture, et l'on ne sauroit en tirer un meilleur parti.

Le Chêne blanc de l'Amérique septentrionale peut-il être considéré comme une acquisition utile pour l'Europe, et par suite convient-il de le multiplier dans les forêts de l'Empire, au détriment du *Quercus pedunculata*, ou même conjointement avec lui ? Je ne le pense pas, et mon opinion est fondée sur les renseignemens que j'ai obtenus principalement de beaucoup de constructeurs de vaisseaux américains, français et anglais établis dans les Etats-Unis, et qui ont été à même de travailler ces deux espèces de bois; presque tous sont d'avis, comme je l'ai dit plus haut, que le Chêne d'Europe est préférable, parce que son grain est plus serré et plus compacte; cependant quelques-uns croient que celui de l'Amérique l'égaleroit en bonté, si on ne le mettoit en œuvre que lorsqu'il est parfaitement sec, et si les pièces employées provenoient d'arbres venus autour des champs dans les endroits fort anciennement défrichés. Suivant ces mêmes personnes, la supériorité du Chêne blanc se trouveroit seulement dans son plus grand degré d'élasticité, qui le rend propre, lorsqu'il est encore jeune, à en faire des cercles pour les tonneaux. Mais cet avantage ne sauroit compenser son principal défaut; et d'ailleurs les cercles du Châtaignier de France sont bien préférables à ceux du Chêne d'Amérique, parce qu'ils n'ont pas comme ceux-ci l'inconvénient de pourrir aussi promptement, ce qui rend le Chêne blanc, même en Amérique, inférieur pour cet usage au bois d'Hickery.

Il est vrai que le Chêne blanc est employé aujourd'hui dans les chantiers de la marine royale en Angleterre; mais la raison en est que, dans ces derniers temps, cette puissance n'a pu tirer d'Europe ce qui lui en étoit nécessaire, et qu'elle est obligée de se servir de bois qu'on rejetteroit peut-être dans d'autres circonstances. Il est d'ailleurs fort possible que cette espèce soit employée pour la charpente inférieure qui est toujours dans l'eau, et que le Chêne d'Europe, ainsi économisé, forme les membrures supérieures.

Sous le rapport de l'introduction du Chêne blanc dans nos forêts, je suis fâché de me trouver en opposition de sentimens avec quelques personnes qui ont récemment écrit sur le même sujet; mais je n'ai émis mon opinion, que d'après les résultats des recherches que j'ai faites, et des renseignemens que j'ai pris avec soin pendant mon dernier voyage en Amérique.

Si enfin on considère cette question comme décidée en faveur du Chêne d'Europe, *Quercus pedunculata*, les Américains des Etats-Unis devront s'appliquer à introduire cette dernière espèce dans leur pays. C'est surtout aux diverses corporations, dont les propriétés sont plus rarement aliénables, que je me permettrai de faire cette recommandation, qui, si elle reçoit son effet, finira par tourner à leur grand avantage et à celui de la société. L'analogie du climat ne permet pas de douter de la parfaite réussite de cet arbre dans les Etats-Unis; on en trouvera d'ailleurs la preuve la plus manifeste dans le jardin de Mrs J. et W. Bartram, situé à 3 milles de Philadelphie, où il existe un très-grand *Quercus pedunculata*, qui, depuis bien des années, donne abondamment des fruits, et continue de pousser avec vigueur.

PLANCHE Ire.

Fig. 1. Rameau représentant les feuilles et les glands de grandeur naturelle.

QUERCUS *OLIVÆFORMIS.*

MOSSY CUP OAK.

QUERCUS *oblongis glabris, subtùs glaucis, profundè inæqualiterque sinuato-lobatis; fructu ovato; cupulá profundiùs crateratá, supernè crinitá. Glande olivæformi.*

Les bords de la rivière Hudson, au-dessus de la ville d'Albany, et cette portion de l'Etat de New-York, connue sous le nom de Génessée, sont les seules parties des Etats-Unis où j'aie trouvé cette espèce de Chêne. Elle y est même assez rare pour que jusqu'à présent les habitans ne lui aient donné aucun nom particulier : j'ai dû y suppléer. J'ai cru aussi devoir changer le nom spécifique latin de *Muscosa,* sous lequel cette espèce est comprise dans le tableau indicatif qui précède cet ouvrage, pour celui d'*Olivæformis* qui m'a paru plus caractéristique.

Les feuilles de ce Chêne sont d'un vert tendre en-dessus et blanchâtres en-dessous. Elles se rapprochent ainsi, quant à la couleur, de celles du *Q. alba,* mais elles en diffèrent beaucoup par la forme; elles sont plus grandes, laciniées très-profondément et d'une manière irrégulière; et les divisions, dont les sommets sont arrondis, varient tellement dans chaque feuille, qu'il est rare d'en trouver deux qui se ressemblent un peu exactement. Les glands, de forme

Mossy Cup Oak.
Quercus olivæformis.

ovale allongée, sont presque entièrement renfermés dans une cupule qui présente à-peu-près la même configuration que les glands, et qui, à sa surface, est garnie d'écailles saillantes dont les pointes se recourbent en arrière, excepté vers le bord supérieur où elles se terminent en filamens déliés et flexibles. C'est à cause de cette disposition particulière, que je lui ai donné le nom de *Mossy cup oak*, Chêne à cupule chevelue.

Le *Quercus olivæformis* s'élève à 60 et 70 pieds (20 mètres). Son tronc, revêtu d'une écorce assez blanche et comme lamelleuse, supporte une cime très-large, qui donne à l'arbre une belle apparence ; mais ce qui le rend surtout très-remarquable, ce sont ses branches secondaires, menues, flexibles et toujours inclinées vers la terre. Cette dernière disposition suffiroit pour engager à le cultiver dans les parcs ou les jardins d'une certaine étendue, à l'embellissement desquels il ne peut que contribuer.

Comme je n'ai trouvé cet arbre que dans des endroits assez éloignés des lieux habités, je n'ai pas eu la facilité d'en faire abattre, pour apprécier les qualités de son bois. Cependant, autant que j'ai pu juger, il n'est pas meilleur que celui du Chêne blanc, quoique très-préférable à celui du Chêne rouge.

PLANCHE II.

Fig. 1 , *gland dans sa cupule. Fig.* 2 , *gland hors de sa cupule.*

QUERCUS *MACROCARPA.*

OVER CUP WHITE OAK.

QUERCUS *foliis subtomentosis, profondè lyratimque sinuato-lobatis, lobis obtusis: fructu maximo: cupulá profon-
diùs crateratá, supernè crinatá: glande turgidè ovatá.*
A. MICHAUX, Hist. des Chênes.

LES cantons les plus fertiles des Etats du Kentucky et de l'ouest Ténessée, ainsi que de la partie
de la Haute-Louisiane qu'avoisine le Missouri, sont,
au-delà des monts Alléghanys, les endroits où cette
espèce intéressante est le plus multipliée. Elle est
connue dans ces contrées, des Américains, sous le
nom d'*Over cup white oak*, Chêne blanc à gland
renfermé, et des Français, des Illinois, sous celui
de Chêne à gros gland.

Le *Quercus macrocarpa* est un fort bel arbre qui
s'élève à plus de 60 pieds (20 mètres); son feuillage m'a paru très-touffu et d'un vert assez sombre.
Ses feuilles, plus grandes que celles des autres espèces qui croissent dans les Etats-Unis, ont souvent
15 pouces (40 centimètres) de longueur, et 8 pouces
(20 centimètres) dans leur partie la plus large. Elles
sont crénelées à leur sommet, et sinuées et découpées très-profondément dans leurs deux tiers inférieurs. Les glands, de forme ovale, sont aussi plus
volumineux que ceux de toutes les autres espèces de
Chênes trouvées dans l'Amérique septentrionale, et

Over Cup White Oak.

Quercus macrocarpa.

dont le nombre, comme j'ai eu occasion de le remarquer, est de plus de quarante. Ces glands sont contenus, jusque dans les deux tiers de leur longueur, dans une cupule épaisse, inégale, et dont les bords sont garnis de filamens déliés et flexibles. Quelquefois, cependant, lorsque ces Chênes se trouvent au milieu de forêts touffues, ou que les étés ne sont pas très-chauds, ces filamens ne paroissent pas, de sorte que le bord de la cupule est tout uni, et paroît comme replié intérieurement.

Il est fâcheux qu'un arbre de cette espèce, et dont les glands sont aussi gros, ait une fructification peu abondante; ce qui fait que les habitans des pays où il croît en font peu de cas, et n'ont aucun intérêt à le conserver, parce qu'ils ont reconnu d'ailleurs que son bois étoit inférieur en qualité à celui du véritable Chêne blanc.

J'ai également observé, comme mon père qui en a fait le premier la remarque, que les jeunes branches du *Quercus macrocarpa* se couvrent d'une substance fongueuse et jaunâtre comme celles de l'Orme et du Liquidambar. Un Chêne, dont les feuilles sont aussi grandes, et qui porte d'aussi gros fruits, est bien fait pour attirer l'attention des amateurs de cultures étrangères, et pour trouver une place dans les parcs et jardins d'une grande étendue.

PLANCHE III.

Fig. 1. *Gland dans sa cupule , grosseur naturelle.*

QUERCUS *OBTUSILOBA.*

POST OAK.

QUERCUS *foliis sinuatis, subtùs pubescentibus, lobis obtu-*
sis, superioribus dilatatis, bilobis. Fructu mediocri;
glande brevi-ovatá.

Q. Stellata, WILLD. sp. pl.

DANS la partie du New-Jersey, qui avoisine la mer,
ainsi que dans les environs de Philadelphie, cette
espèce de Chêne, assez peu répandue dans les forêts,
paroît y avoir été considérée jusqu'ici comme une
variété du Chêne blanc; par suite elle n'y est connue sous aucun nom particulier. Mais dans le
Maryland et dans une grande partie de la Virginie, où elle est très-multipliée, et où on a été
à même d'apprécier ses qualités, elle est désignée
sous celui de *Box white oak*, Chêne buis blanc, et
quelquefois encore de *Iron oak*, Chêne de fer, et
de *Post oak*, Chêne à poteaux. Cette dernière dénomination est, au contraire, la seule en usage dans
les deux Carolines, la Géorgie et l'Etat de Ténessée.
Elle m'a semblé plus convenable que les précédentes,
comme indiquant un des usages auquel le bois de cet
arbre est préférablement employé, et je l'ai conservée.

Les rives escarpées de la rivière Hudson, presque
opposée à la ville de New-York, sont les points
les plus avancés vers le nord où j'ai trouvé le
Chêne à poteaux. Il est vrai que son existence dans
cet endroit ne paroît due qu'à l'influence de l'air de

Post Oak.
Quercus oblusiloba.

la mer, qui, comme on sait, modère jusqu'à un certain point la rigueur des froids. Cette opinion, dans cette circonstance, est, je crois, d'autant mieux fondée, qu'on ne trouve pas cet arbre dans les forêts tant soit peu distantes de ces situations très-découvertes et très-élevées dont je viens de parler. Mais dans les environs de *South-Amboys*, plus rapprochés de 30 milles de la pleine mer, où le sol est d'ailleurs très-sec et très-sablonneux, il est plus commun, et on remarque qu'il le devient davantage, et que sa végétation est plus belle à mesure qu'on avance vers le sud. A l'ouest, dans la Pensylvanie, le dernier individu de cette espèce que j'ai observé, en me rendant de Philadelphie à Pittsburgh sur l'Ohio, s'est trouvé à quelques milles en deçà de Carisle, éloigné de 150 milles de Philadelphie. Aux environs de Baltimore, distant de 210 milles de New-York, le *Quercus obtusiloba* est très-multiplié dans les bois, et il y parvient à son entier développement, car, dans aucune autre partie des Etats méridionaux, je n'en ai vu d'une plus forte dimension. Dans les Etats du Kentucky et du Ténessée il est assez rare, et on ne le voit très-abondamment, quoique d'une médiocre grosseur, qu'autour des prairies naturelles où il forme presque exclusivement la lisière des forêts, au milieu desquelles ces vastes prairies sont enclavées. Il existe aussi vraisemblablement dans la Basse-Louisiane, car mon père et moi l'avons trouvé dans la Floride orientale, dont le climat est le même.

Quoique cette espèce se trouve dans toutes les parties des Etats-Unis que je viens d'indiquer, cependant elle ne m'a paru nulle part plus multipliée que dans les Etats du Maryland, et dans cette portion de la Virginie, comprise entre le dernier chaînon des Alléghanys et la mer. Partout où le sol est sec et graveleux, par suite très-peu substantiel, on y voit le *Quercus obtusiloba* entrer en grande proportion dans la masse des forêts, composées principalement des *Quercus tinctoria*, *Quercus coccinea*, *Quercus ferruginea*, *Quercus falcata*, *Cornus florida*, et fréquemment de *Pinus mitis*, et de rejetons de *Juglans tomentosa;* forêts qui, d'ailleurs, ont une très-mauvaise apparence, tant parce que, comme je viens de le dire, elles reposent sur un sol peu fertile, que parce qu'elles sont constamment dégradées par les bestiaux qui les parcourent toute l'année, et qui, affamés dans l'hiver par le manque d'herbes, mangent les jeunes pousses et les plants des années précédentes. La partie haute des deux Carolines et de la Géorgie, surtout au point d'union des landes et des terres à chêne, fort analogue à ces cantons de la Virginie dont je viens de parler, produit également, et par la même raison, beaucoup de *Quercus obtusiloba;* tandis que vers la mer, où le sol trop stérile n'est couvert que de Pins (*Pinus australis.*), cet arbre ne se rencontre que sur la partie déclive des marais, ou autour des habitations, ou sur l'emplacement de celles qui ont été abandonnées à cause de la stérilité du terrein.

Les feuilles du *Quercus obtusiloba* sont portées sur de courts pétioles; leur couleur est d'un vert sombre en-dessus et grisâtre en-dessous. Elles sont longues de 4 à 5 pouces (12 centimètres), épaisses et même coriaces vers la fin de l'été, sinuées assez profondément et d'une manière assez régulière. Elles présentent quatre à cinq lobes, arrondis à leur sommet, dont les deux supérieurs sont beaucoup plus larges. Dès que les premiers froids se font sentir, on remarque que les nervures inférieures deviennent roses et non rouges, ni même tirant sur le pourpre comme celles du *Quercus coccinea*. La fructification de cet arbre manque rarement. Les glands ovales-arrondis et assez petits, sont contenus jusqu'au tiers de leur longueur, dans une cupule grisâtre et légèrement inégale à sa surface. Ils ne sont point amers comme ceux de beaucoup d'autres espèces, mais ils sont trèsdoux; c'est ce qui les fait avidement rechercher par les écureuils et les dindons sauvages. C'est probablement aussi à cause de cela, que quelques habitans donnent encore à cet arbre le nom de *Turkey oak*, Chêne à dindons.

Le *Quercus obtusiloba* s'élève beaucoup moins haut que le chêne blanc, car sa hauteur excède rarement 40 à 50 pieds (15 mètres), et son diamètre 15 pouces (40 centimètres); quoiqu'il soit resserré dans les forêts au milieu desquelles il croît, cependant sa cime est fort large, et même plus que sa grosseur ne paroîtroit devoir le comporter; ce qui est dû probablement à ce que son tronc se partage promptement en plusieurs branches; elles forment, avec celles qui leur ont donné naissance, des angles plus ouverts que cela n'a communément lieu dans les autres arbres; et elles ont surtout cela de remarquable, que de distances à autres, dans leur longueur, elles sont comme coudées ou repliées sur elles-mêmes; disposition particulière, qui donne à cet arbre un aspect assez caractéristique, pour que dans l'hiver, lorsqu'il est dégarni de son feuillage, on puisse le reconnoître au premier abord. Son tronc est revêtu d'une écorce peu épaisse et d'un gris blanc; lorsqu'il est débité, son bois a une teinte jaunâtre et qui ne tire point sur le rouge comme celui du Chêne blanc; le grain en est plus serré et plus fin, mais sa fibre est moins élastique. Ces propriétés doivent être attribuées à la nature du sol où il croît, lequel est moins fertile et moins humide, ce qui lui donne aussi plus de force et de durée; voilà pourquoi on l'emploie de préférence pour faire des pieux. On se sert de son bois, comme de celui du chêne blanc, pour tous les ouvrages de charronage et on en fabrique du bon merrain.

Dans les constructions maritimes, on en fait principalement les genoux, à cause de la disposition plus oblique de ses branches. Il entre aussi dans la charpente inférieure des navires; mais comme son tronc se ramifie promptement, et qu'il n'a jamais un très-grand diamètre, rarement on peut en tirer des planches pour bordages, ou d'autres pièces de fortes dimensions et de grandes longueurs; c'est ce qui fait que cet arbre

est généralement moins apprécié que le Chêne blanc,
outre qu'il n'est pas aussi abondant que lui dans les
pays où ces deux espèces croissent simultanément,
à l'exception néanmoins du Maryland et de la partie
de la Virginie que j'ai désignée, où il l'est beaucoup
plus.

Dans les colonies des Indes occidentales, on fait
plus de cas du merrain qu'on y importe de Baltimore
et de Norfolk; cette préférence est, à mon avis, due
en grande partie à ce qu'il est fabriqué avec le bois de
Quercus obtusiloba, dont le grain, comme je l'ai dit,
est plus serré que celui du véritable Chêne blanc.

La disposition très-oblique de ses branches, qui
permet d'en tirer parti, pour des usages importans
dans les constructions navales, et l'avantage qu'il à
de croître dans des terreins secs et maigres, sont des
motifs assez puissans pour engager à le propager dans
les forêts de l'Empire, quoique ce ne soit qu'un arbre
de la seconde grandeur. Il réussira surtout beaucoup mieux dans les départemens de l'Ouest et du
Midi, que dans ceux du Nord, où le froid peut restreindre sa végétation. Il mérite aussi de fixer d'une
manière particulière l'attention des habitans des
Etats-Unis, qui devroient favoriser sa végétation et
sa reproduction aux dépens des autres espèces qui
croissent avec lui, et qui lui sont inférieures en
qualité.

PLANCHE IV.

Rameau , représentant les feuilles et le fruit de grandeur naturelle.

~~~~~~

QUERCUS *LYRATA.*

OVER CUP OAK.

QUERCUS *foliis subsessilibus , glabris , lyrato-sinuosis ; summitate dilatatá , divaricato-trilobá , lobis acutangulis ; terminali tricuspide : cupulá depresso-globosá , muricato-scabratá , glande subtectá.*

CETTE espèce de Chêne, assez intéressante, paroît être exclusivement confinée à la partie basse et maritime des deux Carolines et de la Géorgie, car je ne l'ai rencontrée nulle part dans le reste des Etats-Unis. Très-probablement, elle doit aussi exister dans la Basse-Louisiane, sur les bords du Mississipi ; car je l'ai observée sur ceux de la rivière Saint-Jean, dans la Floride orientale, qui offrent des situations très-analogues à celles où elle affecte de croître dans les Etats méridionaux. Le *Quercus lyrata* n'est pas très-multiplié dans la Basse-Caroline et la Basse-Géorgie, ce qui fait que, jusqu'à présent, il n'a été remarqué que des habitans qui demeurent à proximité des lieux où il croît. Ils le connoissent sous les noms d'*Over cup oak*, Chêne à gland renfermé ; de *Swamp post oak*, Chêne à poteaux des swamps ou marais, et plus rarement sous celui de *Water white oak*, Chêne blanc d'eau. Les deux premières dénominations sont assez bonnes ; car l'une indique une particularité fort remarquable de cet arbre, qui
~~~~~~

Over Cup Oak.

Quercus lyrata.

est d'avoir un gland entièrement renfermé dans sa cupule , et l'autre, une certaine analogie dans son feuillage avec le vrai Chêne à poteaux, *Quercus obtusiloba*. Le premier de ces noms, que j'ai conservé, est plus usité dans la Caroline méridionale, et le second l'est davantage sur la rivière Savanah , en Georgie.

Parmi les nombreuses espèces de Chênes des Etats-Unis, il n'en est aucune qui se trouve dans des situations aussi humides que le *Quercus lyrata*; car il croît exclusivement dans les grands marécages qui bordent les rivières, et où le sol bourbeux et très-profond est encore souvent inondé par les crues d'eau, qui ont lieu au printemps. On ne le trouve point, au contraire, parmi les autres arbres qui viennent dans les marais longs et étroits, qui coupent en tous sens les pinières, parce que le terrein , quoique également noir et vaseux , est très-peu profond, et repose sur une couche de sable quartzeux qui , à un pied de profondeur, est si peu mélangée de terre végétale, qu'elle est à peine productive. Mais, dans les immenses marais qui longent les rivières et qui sont presque impraticables les trois quarts de l'année , il y concourt avec le *Cupressus disticha* , le *Nyssa microcarpa*, le *Nyssa biflora*, l'*Ulmus americana*, l'*Ulmus alata*, le *Planera*, le *Populus Caroliniana*, le *Populus angulata*, le *Juglans aquatica*, le *Gleditsia monosperma* , à former les forêts ténébreuses qui les couvrent.

Le *Quercus lyrata* parvient à une élévation considérable et à un très-grand diamètre, car j'ai vu des individus, sur les bords de la rivière Savannah, qui avoient 8, 10 et 12 pieds (3 mètres) de circonférence, sur plus de 80 pieds (25 mètres) de hauteur. Les feuilles, longues de 6 à 8 pouces (20 centimèt.), assez étroites, et, dans leur forme générale, comme lyrées, sont portées sur des pétioles très-courts. Elles sont lisses, à sinus ouverts et profonds. Chaque lobe, et surtout les deux supérieurs, sont comme tronqués à leur sommet ; configuration qui se retrouve, jusqu'à un certain point, dans les feuilles du *Quercus obtusiloba*, et qui lui a fait donner, par les habitans, le nom de *Swamp post oak*, Chêne à poteaux des marais.

Le feuillage du *Quercus lyrata* est bien fourni, d'un vert clair et agréable; sa belle végétation se ressent de l'extrême profondeur du sol sur lequel il croît, ainsi que de l'humidité constante dont il est abreuvé. Les glands des autres espèces de Chênes ont le plus généralement la forme d'un ovale alongé ; ceux du *Quercus lyrata* en ont une tout opposée : ils sont plus larges, arrondis, et comme déprimés à leurs sommets. Ils ont quelquefois 12 à 18 lignes (45 cent.) de diamètre, sur 6 à 10 lignes (20 cent.) seulement de hauteur. Ils présentent encore un caractère fort remarquable, c'est d'être complètement renfermés dans la cupule, qui est comme hérissée de pointes courtes et rudes, et qui, quoique peu épaisse, ajoute encore à la grosseur totale du fruit.

Le tronc du *Quercus lyrata* est revêtu d'une écorce

assez blanche. Son bois est plus compacte que ne
sembleroit devoir l'être celui d'un arbre, qui vient
dans des lieux aussi humides. Ses pores sont, par
suite, moins ouverts et moins nombreux. Ils se trouvent seulement dans les intermédiaires des couches
concentriques, et sont disposés plus régulièrement
que dans les autres arbres. Son bois, quoique inférieur en qualité à celui du *Quercus alba* et du *Quercus
obtusiloba*, est néanmoins assez estimé. C'est de tous
les Chênes, qui croissent dans les lieux aquatiques,
celui qui est le meilleur, et il a de plus l'avantage de parvenir à de très-grandes dimensions. Ce
motif est assez puissant pour qu'on essaye de le propager, au moins partiellement, dans les forêts d'Europe; et ce qui doit donner une presque certitude
de sa réussite, c'est que les glands que j'ai envoyés
en France, il y a plusieurs années, ont donné naissance à des individus qui, quoique plantés dans des
terreins ordinaires et non humides, ont très-bien
poussé, et n'ont pas souffert des froids qu'on
éprouve dans les environs de Paris.

PLANCHE V.

Rameau, représentant les feuilles et le fruit de grandeur naturelle.

QUERCUS *PRINUS DISCOLOR.*

SWAMP WHITE OAK.

Quercus *foliis oblongo-obovatis, subtùs albo-tomentosis, grossè dentatis, basi integerrimis, dentibus inæqualibus dilatatis : fructibus longè pedunculatis.*

Q. Bicolor. WILLD.

Dans toutes les parties des Etats-Unis, où existe cette espèce de Chêne, on lui donne le nom de *Swamp white oak*, Chêne blanc des marais; dénomination qui paroît assez convenable, puisqu'elle indique, d'une part, les localités où cet arbre croît de préférence, et de l'autre, certains rapports qu'il a avec le Chêne blanc.

En me transportant du Nord au Midi, j'ai commencé à remarquer, pour la première fois, le *Quercus prinus discolor* dans les environs de Portsmouth, Etat de New-Hampshire. Mais, sous cette latitude, il y est moins commun que dans les Etats du milieu, ainsi que dans ceux qui sont situés au-delà des Monts-Alléghanys. Dans ces contrées, je l'ai observé plus particulièrement dans le New-Jersey, près de New-York; dans la Pensylvanie, sur les bords de la rivière Delaware; en Virginie, sur ceux de la Susquehannah; et au-delà des montagnes, sur ceux de l'Ohio, de la Kentucky et de la Holston, près de Knoxville, dans l'Est-Ténessée. Je l'ai encore vu sur les rives des lacs Champlain et Ontario. Il résulte donc de mes

Besson del.   Gabriel Sc.

Swamp White Oak

Quercus Pius discolor.

recherches, qu'à l'exception du district de Maine
et de la partie basse et maritime des Etats méridionaux, cet arbre existe dans le reste des Etats-
Unis; mais quoiqu'il se rencontre dans une grande
étendue de pays, on ne peut cependant le regarder
comme fort commun, comparativement à beaucoup
d'autres espèces, car il ne vient que dans des situations particulières, et non en plein bois, comme le
Chêne noir, le Chêne blanc, etc. On ne le voit
qu'autour des marais et dans les terreins bas qui sont
constamment très-humides, et même exposés à être
momentanément submergés dans le cours de l'année.
Ainsi, dans le New-Jersey, on le trouve toujours
avec les espèces suivantes, qui, comme lui, deman-
dent beaucoup d'humidité, savoir : le *Quercus
palustris*, l'*Acer rubrum*, le *Fraxinus discolor*, le
Nyssa microcarpa, et le *Juglans squamosa*. Sur les
rives du lac Champlain, qui offrent alternativement
de pareilles situations, et notamment en quittant
Skeenborough, il est mêlé parmi les Erables blancs,
Acer eriocarpon, qui forment la seconde ligne après
les Saules qui occupent le bord de l'eau.

Le *Quercus prinus discolor* est un fort bel arbre,
dont la végétation est vigoureuse et le feuillage bien
fourni. Ses feuilles, considérées isolément, lorsqu'elles
ont acquis tout leur développement, ont de 6 à 8
pouces (20 centimèt.) de longueur sur 4 à (12 cen.)
de largeur vers leur sommet. Elles sont lisses, et d'un
vert un peu sombre en-dessus, mais d'une teinte plus
claire et très - sensiblement veloutées en - dessous.

Dans leurs deux-tiers supérieurs, elles sont élargies et garnies de dents peu nombreuses, mais assez fortes, tandis qu'elles en sont dépourvues à leur base, qui est cunéiforme. C'est par cette disposition cunéiforme qui se dessine dans le tiers inférieur de leur longueur, ainsi que par le velouté très-sensible au toucher, et beaucoup plus que dans aucune autre espèce analogue, que l'on pourra différencier cette espèce dans sa jeunesse. Dans les arbres qui ont déjà acquis une certaine force, la partie inférieure des feuilles devient d'un blanc argentin, ce qui produit un contraste remarquable avec la teinte de leur partie supérieure, qui est d'un beau vert; et c'est à cause de cette dissemblance que M. le révérend docteur Malhemberg lui a donné le nom spécifique de *Discolor*, que j'ai pensé ne pouvoir mieux faire que d'adopter.

Les glands du *Quercus prinus discolor*, d'une teinte brune, de forme ovale et assez gros, sont contenus dans une cupule, portée ordinairement sur des pédicules d'environ 1 à 2 pouces (4 centimètres) de longueur. La cupule est évasée et bordée de filamens courts et déliés. Elle est veloutée intérieurement, et beaucoup plus sensiblement que dans aucune autre espèce que je connoisse. Ses glands sont doux, mais rarement abondans.

Le *Quercus prinus discolor* s'élève à plus de 70 pieds (23 mètres). Son tronc est revêtu d'une écorce d'un gris blanc, et comme lamelleuse. Lorsqu'il est débité, on remarque que l'aubier est d'une grande blancheur et le cœur d'une teinte brune assez foncée. Dans les arbres qui ont acquis plus d'un pied (30 centim.) de diamètre, le grain du bois est fin et assez serré, et ses pores sont presqu'entièrement obliterés : enfin on lui a reconnu de la force, beaucoup d'élasticité et surtout la propriété de se fendre aisément et de droit fil. De plus, il m'a paru aussi assez pesant et même plus que le Chêne blanc. Ces propriétés sont cause que, dans les États de l'Est, il est, après cette dernière espèce, le plus estimé pour ses bonnes qualités, et, par suite, adapté aux mêmes usages. Je ne puis donc préciser autrement son emploi dans les arts ; car quoique cet arbre se trouve dans une grande étendue de pays, il n'a jamais été employé qu'accidentellement, n'étant nulle part assez multiplié pour subvenir, à lui seul, pendant quelques années de suite aux besoins locaux.

A l'article du *Quercus alba*, j'ai dit que cet arbre venoit en plein bois dans les terrains élevés et inégaux, mais souvent aussi dans les lieux frais et fort humides, que même il acquéroit, dans ces derniers sites, de plus grandes dimensions. Si donc on vient à faire des essais comparatifs sur les qualités des bois de ces deux espèces, dont l'une ne croît, pour ainsi dire, qu'accidentellement dans ces situations aquatiques, et l'autre y vient d'une manière exclusive, et que de ces expériences il résulte, comme je le crois, que le bois du *Quercus prinus discolor* soit reconnu préférable, on devra dès-lors le regarder comme une espèce fort utile et favoriser sa croissance aux dépens de celle de beaucoup d'autres sortes, tels que l'Erable rouge, le *Juglans amara,* le *Carpinus virginiana*, etc. qui viennent dans les mêmes lieux, et qui occuperoient le terrain d'une manière bien moins profitable pour la société.

Sous le rapport de son introduction dans les forêts européennes, je pense que cet arbre offre assez d'intérêt pour y trouver place, soit en le mêlant, soit en le substituant alternativement aux essences qui viennent dans les lieux très-humides, tels que les frênes, les aunes et quelques espèces de peupliers. C'est d'ailleurs un arbre d'une très-belle apparence, qui ne peut que contribuer à l'embellissement de nos forêts et des possessions des personnes qui seroient tentées de le cultiver.

PLANCHE VI.

Rameau représentant les feuilles et le fruit de grandeur naturelle.

Chesnut White Oak.

Quercus Pus palustris.

QUERCUS *PRINUS PALUSTRIS.*

CHESNUT WHITE OAK.

QUERCUS *foliis oblongo-ovalibus, acuminatis acutisve, subuniformiter dentatis : cupulá crateratá subsquamosá; glande ovatá.*

Q. Prinus. WILLD.

C'EST dans les environs de Philadelphie, à une distance moindre de dix milles de cette ville, que l'on commence à trouver cette espèce de Chêne. Mais elle est moins multipliée dans les forêts, et elle n'y acquiert pas un aussi grand développement que dans les contrées qui sont plus au Midi, comme par exemple, dans la partie basse et maritime des deux Carolines, de la Géorgie et de la Floride orientale, où elle est plus commune que dans les autres Etats atlantiques. Les bords du Mississipi, très-semblables à ceux des rivières qui traversent les Etats que je viens de nommer, doivent aussi probablement produire cet arbre.

Le *Quercus prinus palustris*, peu commun dans la Pensylvanie, y est confondu avec le *Quercus prinus monticola*, avec lequel il a assez de ressemblance ; ce qui fait qu'on lui donne le même nom, tandis que, dans la partie inférieure des Etats du Midi, où cette dernière espèce ne se trouve pas, celle que je décris y est désignée sous les différens noms de *Chesnut white oak*, Chêne blanc châtaignier; de

Swamp chesnut oak, Chêne châtaignier des marais ;
et le long de la rivière de Savannah , le plus souvent
sous celui de *White oak*, Chêne blanc. Cette dernière dénomination est assurément la moins convenable , puisqu'elle tend à confondre le *Quercus
prinus palustris* avec le véritable Chêne blanc ,
Quercus alba ; ce qui confirme ce que j'ai dit en
décrivant cette dernière espèce , qu'elle étoit fort
rare dans cette partie des Etats-Unis, et insuffisante
pour y faire face aux besoins économiques.

Le *Quercus prinus palustris* est paré d'un beau
feuillage qu'il doit à la teinte de ses feuilles, qui sont
d'un vert clair et agréable. Celles-ci, de forme obova-
les, plus élargies vers leur sommet, et dentées profondément; sont lisses en-dessus, et blanchâtrés à leur
partie inférieure. Elles ont quelquefois 8 à 9 pouces
(24 centimètres) dans leur longueur sur 4 à 5 (12
cent.) dans leurs deux tiers supérieurs.

Les glands , contenus dans une cupule écailleuse
et peu profonde , sont ovales, de couleur brune , et
plus volumineux que ceux d'aucune autre espèce de
Chêne des Etats-Unis, après ceux du *Quercus macrocarpa*. Ils ont une saveur douce, et sont quelquefois
assez abondans , ce qui les fait très rechercher par
les animaux sauvages et domestiques , tels que les
cerfs , les vaches, les chevaux et les cochons.

Le *Quercus prinus palustris*, comme le *Quercus
lyrata*, croît exclusivement dans les marais qui bordent les rivières, ou dans ceux d'une grande étendue
qui sont enclavés au milieu des bois; avec cette dif-

férence cependant, qu'il ne vient que dans les endroits rarement exposés à être submergés, et seulement dans ceux dont le sol est meuble, profond, très-fertile et toujours maintenu dans un état de fraîcheur.

Dans les Carolines et la Géorgie, l'*Ulmus americana*, l'*Ulmus alata*, le *Magnolia grandiflora*, le *Magnolia tripetala*, l'*Hopea tinctoria*, le *Fagus sylvatica*, le *Liriodendron tulipifera*, le *Juglans porcina* et l'*Olea americana*, sont les espèces avec lesquelles on le trouve le plus habituellement. Dans de pareilles situations, cet arbre parvient, sous cette latitude, à son plus grand développement, car il acquiert de 80 à 90 pieds (26 mètres) sur un diamètre proportionné à cette haute élévation. Il se fait remarquer surtout par son tronc, qui est parfaitement droit, dégarni de branches, conservant le même diamètre jusqu'à 50 pieds (16 mètres) de terre, et se terminant par un sommet très-vaste et très-touffu ; aussi, le *Quercus prinus palustris* mérite-t-il d'être placé au premier rang des arbres les plus beaux et les plus majestueux de l'Amérique septentrionale.

Son bois se ressent de la nature riche et féconde du sol où il croît ; car ses pores, quoique oblitérés, présentent plus de vides que ceux des *Quercus obtusiloba*, *Quercus alba* et même *Quercus lyrata*, ce qui fait qu'il est d'une qualité inférieure. Cependant, comme il est proportionnellement plus abondant dans ces contrées, et que, d'une autre part, il est très-préférable à celui de beaucoup d'autres espèces, il est fort employé pour le charronage et pour d'autres usages économiques, qui requièrent de la force et de la durée. Les nègres ont coutume d'en faire des paniers et des balais, parce qu'il se fend bien de droit fil, et qu'il peut se diviser en lanières très-minces. Mais il est rare qu'on en fasse du merrain pour les barriques destinées à contenir ou des vins ou des liqueurs spiritueuses; car, comme je l'ai dit, ses pores très ouverts, en absorberoient une très-grande quantité. Débité pour barres de clôture des champs cultivés, il dure 12 à 15 ans, ou un tiers de plus que celles qui sont faites en Chêne saule ou aquatique. A Augusta, c'est le bois le plus estimé pour le chauffage; il s'y vend sur le pied de 2 à 3 dollars (10 à 15 francs) la corde.

Le *Quercus prinus palustris* supporte très-bien les froids que nous éprouvons dans les environs de Paris, mais sa végétation seroit encore plus accélérée dans nos départemens méridionaux. Il est néanmoins fâcheux qu'un si bel arbre, et si bien fait pour contribuer à l'embellissement des forêts de l'Empire par son port magnifique, ne réunisse que des qualités secondaires, qui ne permettront de l'y admettre que d'une manière partielle; et il est à craindre que, par la suite, il ne retombe dans le domaine des amateurs de cultures étrangères.

PLANCHE VII.

Rameau représentant les feuilles et le fruit de grandeur naturelle.

Rock Chesnut Oak.

Quercus P.us monticola.

QUERCUS *PRINUS MONTICOLA.*

ROCK CHESNUT OAK.

QUERCUS *foliis obovatis acutis grossè dentatis, dentibus subæqualibus ; fructu majusculo , cupulá turbinatá , scabrosá ; glande oblongá.*

Q. Montana. WILLD.

CETTE espèce de Chêne est du nombre de celles qui ne sont pas généralement répandues dans les forêts, mais qui, croissant seulement dans des situations particulières, échappent plus facilement aux recherches de l'observateur. C'est ce qui fait qu'il m'est plus difficile d'assigner avec autant d'exactitude le commencement de l'apparition vers le nord du *Quercus prinus monticola.* Je ne crois pas cependant que, dans cette direction, il se trouve beaucoup au-delà de l'Etat de Vermont, et au nord-est, passé le New-Hampshire : je ne l'ai jamais vu dans le district de Maine, ni à la Nouvelle-Ecosse. Mon père n'en fait pas non plus mention dans ses notes botaniques sur le Bas-Canada. Cet arbre est également étranger à la partie basse et maritime des Etats méridionaux. Il résulte donc de mes observations, que c'est dans les Etats du centre et dans une partie de ceux du nord, qu'on le rencontre le plus souvent ; mais on ne le voit que bien rarement mêlé avec les autres arbres dans les forêts, croissant seulement dans des endroits très-élevés, dont le sol est couvert de rochers ou très-pierreux. Ainsi, on observe fréquemment le *Quercus prinus monticola* sur les bords escarpés et rocailleux de la rivière Hudson, et sur les rives du lac Champlain. Cependant il est encore plus abondant dans la Pensylvanie et la Virginie, sur quelques-uns des ridges ou sillons parallèles, qui font partie des monts Alléghanys, et dont la surface est presque totalement couverte de pierres. Sur quelques-uns de ces ridges ou hautes collines, il forme à lui seul les neuf dixièmes des arbres qui garnissent leur sommet; mais la mauvaise qualité du sol fait que les individus y sont clair-semés, et que leur hauteur n'excède pas 20 à 25 pieds (8 mèt.), sur 8 à 10 pouces de diamètre (25 centim.) J'ai particulièrement fait cette observation sur le *Dry ridge,* la Colline sèche, à 15 milles au-delà de Bedford. C. H.

Dans cette partie de la Pensylvanie, ainsi que dans le Maryland et la Virginie, le *Quercus prinus monticola* est connu sous le seul nom de *Chesnut oak*, Chêne châtaignier, tandis que le long de la rivière Hudson, et sur les rives du lac Champlain, ce qui comprend, à partir de New-York, un espace de plus de 400 milles, il l'est sous celui de *Rocky oak*, Chêne des rochers. Ces deux dénominations sont assez bonnes; car la première indique une ressemblance remarquable, qui existe entre l'écorce de cet arbre et celle du châtaignier; et la seconde désigne les endroits où il se trouve, je pourrois dire presque exclusivement. Déterminé par ces deux motifs, et considérant en outre que la première dénomination pourroit donner lieu à quelques méprises avec l'espèce précédemment décrite, et même avec la suivante, qui se trouvent toutes deux aussi dans la Virginie, j'ai pensé qu'il étoit convenable de réunir ces deux dénominations, et je lui ai donné le nom de *Chesnut rocky oak*, Chêne châtaignier des rochers.

Le *Quercus prinus monticola* est un arbre d'une belle apparence, toutes les fois qu'il se rencontre dans un assez bon terrain; il la doit autant à sa forme qu'à son feuillage bien fourni. Ses feuilles ont de 5 à 6 pouces (15 centimètres), en longueur sur 3 à 4 (10 centimètres) en largeur; elles sont de forme ovale, très-uniformément dentées dans leur contour, et d'une manière plus régulière que celles du *Quercus prinus palustris,* avec cette différence cependant que les dents sont moins aiguës, je dirai même, arrondies à leur sommet. Lors de leur développement, au sortir de l'hiver, elles sont très-velues; mais après avoir acquis toute leur grandeur, elles sont parfaitement lisses, blanchâtres en-dessous, et d'une texture assez fine. J'ai encore remarqué que le pétiole est toujours jaunâtre, couleur qui se prononce davantage, à mesure qu'on avance vers l'automne.

Les glands, contenus jusqu'au tiers de leur longueur dans des cupules évasées et à écailles libres, sont ovales alongés et ont quelquefois jusqu'à un pouce (3 centim.) de longueur. Ils sont d'une teinte brune et d'une saveur douce, ce qui les fait trèsrechercher des bêtes fauves et des animaux domestiques.

Le Chêne chataignier des rochers s'élève à plus de 60 pieds (20 mètres) et il acquiert quelquefois 3 pieds (1 mètre) de diamètre ; mais , le plus souvent, il reste au-dessous de ces dimensions, parce que d'une part , il se ressent de la pauvreté du sol sur lequel il croît le plus ordinairement, et que , de l'autre, exposé à l'action des vents dans les situations très-élevées et très découvertes qu'il occupe, ses branches, comme celles de tous les arbres qui sont isolés , s'étendent beaucoup latéralement et forment la tête du pommier.

Le tronc des vieux *Quercus prinus monticola*, même de ceux qui ont moins d'un pied (30 cent.) de diamètre , est toujours revêtu d'une écorce épaisse , dure et sillonnée très-profondément. A New-York ainsi que dans la Pensylvanie, près des Alléghanys, l'écorce de ce Chêne est la plus prisée pour le tannage des cuirs ; mais on n'emploie que celle des branches secondaires, ou des arbres qui ont moins de 6 pouces (15 centim.), d'épaisseur quoique l'épiderme en soit déjà fort épais ; car l'expérience a appris que, dans cet arbre, la partie morte de l'écorce conserve une assez grande quantité de principe tanin , lequel, dans les autres espèces , ne se trouve que dans le tissu cellulaire de la partie vive de l'écorce. Elle se vend à New-York séparément, et à raison de 10 à 12 dollars, (50 à 60 francs) la corde.

Le bois du *Quercus prinus monticola* est rougeâtre comme celui du *Quercus alba*, mais il est plus pesant; et de deux morceaux d'égal volume que j'ai mis dans l'eau, celui du Chêne que je décris a toujours été à fond, tandis que l'autre a constamment surnagé : cependant ses pores sont plus ouverts et seulement en partie oblitérés, c'est pour cela qu'on n'en fait pas du merrain pour les tonneaux des liqueurs sipiritueuses.

A New-York et tout le long de la rivière du Nord, son bois est, après celui du Chêne blanc, le plus estimé pour la construction des navires : aussi, s'en sert-on fréquemment pour la charpente inférieure et plus souvent encore pour les genoux et les varangues, parce que les pièces courbes qui y sont propres, sont devenues très-rares en Chêne blanc, au lieu que le Chêne chataignier des rochers, battu par les vents, en fournit une bien plus grande quantité.

Comme bois de chauffage, il est le plus apprécié à New-York après celui de l'Hickery ; et sa supériorité, sous ce rapport, sur toute autre espèce de Chêne des Etats-Unis, (le Chêne vert excepté), m'a été confirmée dans plusieurs forges, et notamment dans celles qui sont situées au pied de *North mountain*, la montagne du Nord, éloignée de 200 milles de Philadelphie.

Un arbre qui, comme celui-ci, affecte de croître dans des terreins pierreux et le plus souvent inhabitables à cause de leur escarpement,

dont l'écorce est reconnue d'une qualité supérieure dans un art important, dont le bois peut
être employé avec avantage dans différens genres
de construction, et qui fournit un excellent combustible mérite de fixer l'attention des forestiers américains. Ils doivent chercher à le multiplier, en faisant
planter des glands dans les anfractuosités des rochers,
et partout où le sol ne peut être mis en culture. Ces
mêmes considérations me paroissent assez importantes, pour qu'on le propage en Europe, dans les endroits
analogues à ceux où il croît de préférence en Amérique ; non pas que ceux que j'ai indiqués soient
absolument nécessaires à son existence, car les
plus beaux individus que j'aie vus, étoient isolés,
ou comme perdus dans les forêts, au milieu des
autres arbres qui les composent.

Le *Quercus prinus monticola* réussit très-bien dans
les environs de Paris où il en existe des milliers de
jeunes plants, tant dans les pépinières de l'administration impériale des forêts, que dans les jardins de
l'Empereur, et qui sont les résultats des envois que
j'ai faits pendant mon séjour dans les Etats-Unis. La
vigueur de leur végétation et la beauté de leur
feuillage, les y font toujours remarquer avec interêt.

PLANCHE VIII.

Rameau représentant les feuilles et le fruit de grandeur naturelle.

Yellow Oak.

Quercus P.^us acuminata.

QUERCUS *PRINUS ACUMINATA.*

YELLOW OAK.

*Quercus foliis longè petiolatis, acuminatis, subæqualiter
dentatis, fructu mediocri: cupulá subhemisphœricá.*
Q. Castanea. WILLD.

LES bords de la rivière Delaware, dans la Pensylvanie, peuvent être considérés, au Nord-Est, comme
les limites au-delà desquelles on ne trouve plus cette
espèce de Chêne. On pourroit presque dire qu'elle
n'existe pas non plus dans la partie maritime des
Etats méridionaux; elle y est du moins si rare, que
je n'en ai vu que quelques individus sur les bords
de la rivière Savannah, près de Two-Sister-Ferry,
dans la Géorgie; et un seul pied sur celle de Cap Fear,
à un mille de Fayetteville, dans la Caroline du Nord.
Quoique le *Quercus prinus acuminata* soit plus répandu dans les Etats du milieu et de l'Ouest, il est
encore fort peu commun comparativement à beaucoup d'autres espèces d'arbres, et l'on peut voyager
des journées entières, sans en apercevoir un seul
individu. J'indiquerai cependant les bords de la
petite rivière de Conestoga, qui coule près de Lancaster, dans la Pensylvanie; ceux de la Monongahela
un peu au-dessus de Pittsburg, et enfin quelques
petits cantons très-rapprochés des rivières Holston
et Nolachuky, dans l'Est-Ténessée, comme les endroits où je l'ai le plus particulièrement observé.
Dans sa Monographie des Chênes d'Amérique, mon

père en fait mention comme existant dans le pays des Illinois.

Aux environs de Lancaster, on donne à cet arbre le nom de *Yellow oak*, Chêne jaune, à cause de la teinte jaunâtre de son bois ; mais dans les autres parties des Etats-Unis, il n'a reçu aucune dénomination particulière, parce que, comme on vient de le voir, il y est si peu multiplié qu'il n'a pas jusqu'à présent, attiré l'attention des habitans, qui le confondent avec le *Quercus prinus palustris* ou le *Quercus prinus monticola*, avec lesquels il a par ses feuilles, une certaine conformité.

Le *Quercus prinus acuminata* est un fort grand arbre, d'une belle venue, et dont les branches m'ont paru avoir plutôt une tendance à se rapprocher du centre, qu'à s'en éloigner, en prenant une direction horizontale. Ses feuilles, longues de 6 à 8 pouces (20 centimètres), de forme lanceolato-acuminée, sont dentées très-uniformément dans leur contour ; elles sont d'un vert clair à leur partie supérieure, et blanchâtres en-dessous. Les glands, contenus dans une cupule peu écailleuse, sont petits et de couleur brune ; ils sont plus doux que ceux d'aucune autre espèce de Chêne des Etats-Unis.

Cet arbre, que j'ai toujours rencontré dans des vallons, dont la terre étoit meuble et très - fertile, s'élève de 70 à 80 pieds (60 mètres) sur environ 2 pieds (60 centim.) de diamètre. Son tronc est revêtu d'une écorce blanchâtre et peu crevassée, qui se divise souvent en feuillets, comme celle du *Quercus prinus discolor.* Lorsqu'il est débité, on remarque, comme j'en ai déjà fait l'observation, et surtout dans les vieux sujets, que le bois a une teinte jaunâtre. Cette couleur, cependant, n'est pas assez prononcée pour le faire employer de préférence à aucun usage particulier. En examinant sa texture, j'ai trouvé que les pores sont en partie oblitérés, disposés très-irrégulièrement et beaucoup plus nombreux que dans tous les autres Chênes que j'ai observés en Amérique. Cette disposition organique doit nécessairement atténuer la force du bois, et le rendre moins durable que celui du *Quercus prinus palustris* et du *Quercus prinus monticola.*

Le *Quercus prinus acuminata* se trouvant disséminé dans une étendue de pays si considérable, on ne s'étonnera pas que je n'aie trouvé personne qui ait mis son bois en œuvre, et qui m'ait ainsi fourni l'occasion d'apprécier ses qualités. Je ne puis donc en parler sous ce rapport; mais je l'indiquerai comme pouvant augmenter la série intéressante des espèces d'arbres étrangers que nous possédons en Europe, et comme susceptible de contribuer à l'embellissement des jardins pittoresques, par son port agréable et le bel effet de son feuillage.

PLANCHE IX.

Rameau représentant les feuilles et le fruit de grandeur naturelle.

QUERCUS *PRINUS CHINCAPIN.*

SMALL CHESNUT OAK.

Quercus *foliis obovatis grossè dentatis, subtùs glaucis,
cupulá hemisphœricá, glande ovatá.*
Q. Prinoïdes , Willd.

Dans les Etats du nord et du milieu, on donne à
cette jolie petite espèce , le nom de *Small or dwarf
chesnut oak,* Chêne châtaignier-nain , à cause de la
ressemblance de son feuillage avec celui du *Quercus
prinus monticola.* Les feuilles ont aussi assez d'analogie avec celles du *Fagus chincapin;* et c'est pour
cette raison que dans l'Est-Ténessée, et dans les
Hautes Carolines, près des montagnes, on la désigne
sous celui de *Chêne chincapin.* Cette dernière dénomination que j'avois adoptée, lors de mon premier travail, dans le tableau général qui est à la
tête de cet ouvrage, m'a paru, par suite de réflexions
ultérieures, moins convenable que la première, à
laquelle je crois définitivement devoir m'arrêter, et
que je regarde comme devant désormais être considérée comme fixe. Je vais rendre compte des motifs
de ce changement. D'abord le nom de Chêne chincapin est entièrement étranger à la moitié des pays
où cette espèce croît le plus abondamment ; et, en
second lieu, celui de Chêne châtaignier-nain, quoique moins usité dans les Etats du midi, ne peut
tarder à être compris par tous les habitans qui pos-

Small Chesnut Oak.

Quercus P.^us chincapin.

sèdent également, dans leurs forêts, les deux espèces
de Chêne châtaignier précédemment décrites.

Cette espèce de Chêne n'est point ordinairement
disséminée dans les forêts, comme le sont beaucoup
d'arbres et d'arbustes : il est très-rare, au contraire,
de la rencontrer dans un grand nombre d'endroits
où elle viendroit très-bien, et le plus souvent on ne
la trouve que par cantons. Alors seule, ou entremêlée
avec le *Quercus banisteri*, elle couvre des espaces
plus ou moins considérables, qui quelquefois excèdent 100 arpens (50 hect.). L'existence de ces deux espèces est toujours un signe assez certain de la stérilité
du sol. Les endroits suivans sont ceux où j'ai le plus
particulièrement observé le *Chêne châtaignier nain*:
les environs de la ville de New-Providence, dans
l'Etat de Rhode-Island ; ceux d'Albany, dans l'Etat de
New-York ; dans la Virginie, sur les monts Alléghanys ;
et dans l'est Ténessée, près de Knoxville. Je l'ai
retrouvé encore aux portes mêmes de Philadelphie,
dans le parc de M. W. Hamilton, où il croît spon-
tanément.

Cette espèce, et une autre qui vient au milieu
des landes dans les Etats méridionaux, sont, de
toutes les espèces de Chêne des Etats-Unis, celles
qui s'élèvent le moins ; car elles n'excèdent pas ordinairement 24 à 30 pouces de hauteur (65 centimètres). Peut-être même, par ce motif, n'en aurois-
je pas fait mention, si je n'eusse pensé qu'il seroit
agréable d'avoir la description complète de ce genre

d'arbre si utile, sous tant de rapports, et qui offre des ressources si étendues, aux arts et au commerce.

Les feuilles du Chêne châtaignier nain sont ovales-acuminées, d'un vert clair en-dessus, et pâle en-dessous; elles sont dentées assez régulièrement, mais avec des découpures peu profondes. Les glands, contenus jusqu'au tiers de leur longueur dans des cupules écailleuses et sessiles, sont de moyenne grosseur, un peu alongés et également arrondis à leurs deux extrémités; ils sont très-doux au goût.

Il semble que la nature ait voulu compenser la petitesse de ce Chêne par une fructification très-abondante; elle est souvent telle, que les glands, pressés et serrés les uns contre les autres sur les tiges, les font courber jusqu'à terre, où elles restent couchées dans toute leur longueur; mais il faut dire que, quelquefois, ces tiges ont à peine la grosseur d'une plume ordinaire.

Si l'exiguité de cette espèce la rend impropre, même au chauffage, peut-être pourroit-on en tirer parti sous le rapport de l'abondance extrême de sa fructification. Surtout, si on le réunissoit au *Quercus banisteri*, qui ne s'élève guère plus haut, et qui offre le même avantage quant à sa fructification.

PLANCHE X.

Rameau représentant les feuilles et les glands de grandeur naturelle.

Live Oak.

Quercus virens.

QUERCUS *VIRENS.*

QUERCUS *foliis perennantibus, coriaceis, ovato-oblongis, junioribus dentatis, vetustioribus integris; cupula turbinata, squamulis abbreviatis; glande oblonga.*

CETTE espèce de Chêne, qui appartient exclusivement à la partie maritime des Etats méridionaux, des deux Florides, et de la Basse-Louisiane, est connue dans tous ces pays, sous le seul nom de *Live-oak*, Chêne vert. Les environs de Norfolk, dans la Basse-Virginie, peuvent être considérés, vers le nord, comme jouissant déjà d'une température assez modérée, pour que cet arbre puisse y croître naturellement, encore qu'il y soit moins multiplié et que sa végétation n'y soit pas aussi vigoureuse que dans les contrées, qui sont plus au midi. Le Chêne vert, particulier au rivage de la mer, s'observe, à partir de l'endroit que j'ai indiqué en Virginie, jusqu'au-delà de l'embouchure du Mississipi; ce qui comprend une étendue fort considérable, et qui excède plus de 5 à 600 lieues (2500 kilom.) L'influence de l'air de la mer paroît essentiellement nécessaire à son existence; car, sur le continent, on ne le voit que bien rarement faire partie des forêts, même à une très-petite distance, dans l'intérieur, qui ne s'étend pas au-delà de 15 ou 20 milles.

C'est principalement sur les îles nombreuses et assez fertiles qui bordent les côtes, pendant plusieurs centaines de milles, ainsi que sur la grande terre au bord des lagons, autour des anses et le long des criques, que le Chêne vert est le plus abondant, qu'il acquiert son plus grand développement, et que son bois est de meilleure qualité. Les îles de St. Simon, de Cumberland, de Sapelo, et quelques autres qui se trouvent entre les embouchures des rivières St. Jean et Sainte-Marie, sont celles où j'ai observé plus particulièrement cet arbre, dans le cours d'une navigation de plus de 150 lieues (700 kilom.) que je fis, en pirogue, sur les lagons, à partir du cap Canaveral dans la Floride orientale, jusqu'à Savannah en Géorgie. Dans ce voyage, j'en vis souvent qui se trouvoient immédiatement sur la plage, et d'autres qui étoient à moitié ensevelis dans les sables des dunes, et qui, quoique dans un sol sablonneux et mouvant, conservoient une belle verdure et une apparence de végétation vigoureuse, résistant ainsi pendant des laps de temps considérables, en hiver aux furies des tempêtes, et en été, à l'ardeur d'un soleil brûlant. La hauteur totale la plus ordinaire du Chêne vert est d'environ 40 à 45 pieds (15 mètres), sur 1 à 2 pieds (50 centim.) de diamètre. Ce n'est pas qu'il ne vienne beaucoup plus gros; car monsieur S., président de la société d'agriculture de Charleston S. C., m'a dit en avoir fait abattre un, qui avoit 24 pieds (8 mètres) de circonférence; il est vrai que cet individu étoit creux intérieurement. Comme tous les arbres qui croissent isolément, cet arbre a un sommet très-élargi et très-touffu, qui repose sur une tige haute de 18 à 20 pieds (6 mètres), mais qui le plus souvent, se partage en plusieurs branches, à la moitié de cette élévation ; de sorte que, vu dans l'éloignement, son aspect ne ressemble pas mal à celui d'un vieux pommier ou plutôt d'un vieux poirier. Ses feuilles considérées séparément sont de forme ovale, coriaces, d'un vert foncé en-dessus et blanchâtres en-dessous. Elles restent plusieurs années sans tomber, et ne se succédent que partiellement les unes aux autres. On remarque encore que, sur un grand nombre d'arbres qui ont été plantés dans des habitations, ou qui croissent dans des terreins assez frais, les feuilles sont de moitié plus grandes, et que beaucoup d'entre elles sont dentées. Elles le sont, au contraire, presque toutes, et d'une manière très-prononcée, dans les plants de deux ou trois ans.

Les glands du chêne vert, contenus dans des cupules pédiculées, peu profondes et de couleur grisâtre, ont une forme ovale-alongée, et sont presque noirs. On assure que les Indiens en tiroient autrefois, par expression, une huile qu'ils mêloient à leurs alimens ; peut-être même les mangeoient-ils, car, sans être agréables au goût, ils n'ont pas une saveur âpre et amère, comme ceux de beaucoup d'autres espèces. Dans certaines années, ils sont fort abondans. Ils germent avec une telle facilité, que, lorsqu'il vient à pleuvoir, à l'époque de leur maturité, peu de temps après on en trouve beaucoup sur ces arbres, dont la radicule est déjà développée.

Le tronc du Chêne vert est couvert d'une écorce noirâtre, dure et assez épaisse. Lorsqu'il est débité, on trouve que son bois a une teinte jaunâtre, plus prononcée dans les vieux arbres; qu'il est fort pesant et très-compacte; que son tissu est très-fin, très-serré et que ses couches annuelles ou concentriques sont très-rapprochées; ce qui annonce évidemment la lenteur de sa croissance, et combien de temps il faut attendre pour qu'on puisse en tirer parti. Doué de beaucoup de force, et incomparablement plus durable que le meilleur Chêne blanc, il est, à juste titre, très-estimé pour les constructions navales, et sous ce rapport il est fort recherché non-seulement dans les pays où il croît, mais encore dans tous les ports des Etats du Nord, où il est continuellement importé pour cet objet, et où il s'en consomme proportionnellement une bien plus grande quantité que dans les Etats méridionaux. Sa longue durée, lorsqu'il est bien sec, le fait employer presque exclusivement pour la charpente supérieure; mais, à cause de sa grande pesanteur, on est obligé d'intercaler des morceaux de même diamètre en Cèdre rouge, dont le bois, d'une extrême légèreté, résiste aussi bien aux alternatives de la sécheresse et de l'humidité.

Le peu d'élévation du tronc du Chêne vert, et son diamètre, souvent peu considérable, ne permettent pas d'en tirer de grandes pièces de charpente; mais sa cime très-branchue et très-étendue, compense, en

partie, ce désavantage, parce qu'elle fournit beaucoup
d'excellens genoux, pièces, comme on sait, très-pré-
cieuses, et dont on n'a jamais assez dans les grands
chantiers de constructions maritimes.

Les navires qui se construisent à Philadelphie et
à New-York, et dont la charpente supérieure est en
Chêne vert et en Cèdre rouge, et l'inférieure en
bon Chêne blanc, sont tout aussi durables que ceux
qui sont faits en Europe avec les matériaux de première qualité. Brekel, que j'ai déjà cité, dit que les
meilleures gournables sont en Chêne vert. Actuellement on ne s'en sert plus dans les ports de mer des
Etats méridionaux ; mais on y emploie pour cet usage
le cœur du *Pinus australis.*

Dans le midi des Etats-Unis, et notamment à
Charleston et à Savannah, les charrons font les jantes
et les moyeux des grosses voitures en Chêne vert ; et,
sous ce rapport, il est bien préférable au Chêne blanc,
dont le principal défaut est de se fendre très-promptement de tous côtés, et de former des écartemens d'un
quart de pouce de diamètre ; il est aussi beaucoup
plus propre à faire les dents d'engrénage des roues
de moulin et les machines à vis. Je ne doute pas, non
plus, qu'il ne convînt très-bien pour faire de grosses
vis de pressoir.

Son écorce est excellente pour le tannage des cuirs,
étant très-riche en principe tanin ; mais on ne s'en sert
qu'accidentellement, et aucun tanneur, même dans
les pays où il croît, ne l'emploie habituellement.

La consommation qui se fait dans les Etats-Unis

du bois de Chêne vert pour les constructions navales,
indépendamment de ce qui en est exporté pour le
même usage en Angleterre, est très considérable,
principalement dans les ports de Baltimore, de Philadelphie, de New-York et de Boston; et cette consommation a été plus que triplée depuis vingt ans,
à cause de la grande activité commerciale qui a eu
lieu dans ce court période. Il en est résulté, d'une
part, une double augmentation dans le prix de cette
sorte de bois, et de l'autre, une diminution très-
sensible de cette espèce de Chêne, dont l'existence,
indépendamment d'une croissance très-lente, est
limitée au littoral de l'Océan. Le défrichement des
îles où il se trouvoit en abondance, pour y établir
la culture du coton qui y vient d'une qualité supérieure, peut encore avoir contribué pour beaucoup à la destruction du Chêne vert, dont on ne
peut plus se procurer que très-difficilement de grandes
pièces dans les limites des Etats méridionaux; ce qui
fait que, depuis plusieurs années, on va en chercher
sur les côtes de la Floride orientale, et notamment
entre la rivière Sainte-Marie et la rivière Saint-
Jean; car, au-delà de Saint-Augustin, jusqu'au cap
de la Floride, il s'en trouve fort peu. On dit que la
côte de la Floride occidentale en est bien pourvue,
et que les Anglais des îles Bahama y vont s'en appro-
visionner. Il est probable que ces coupes clandes-
tines ne seront plus tolérées, actuellement que cette
province est passée sous la domination des Etats-Unis.

Le Chêne vert étant un des arbres dont il est le

plus difficile d'opérer la reproduction, tant à cause des localités, qu'à cause de la lenteur de sa végétation, je ne puis m'empêcher de regarder sa disparition, comme à peu près certaine dans tous les Etats-Unis, d'ici à cinquante ans. Il en sera donc de cette espèce comme de son analogue, le *Quercus ilex*, qui garnissoit autrefois les côtes méridionales de la France, de l'Espagne et de l'Italie. Comme lui, on ne le trouvera plus que sous la forme de cépée et de buisson, seulement propre au chauffage ou à d'autres usages qui ne requièrent que l'emploi de morceaux très-peu volumineux. Le chêne vert seroit une acquisition infiniment précieuse pour la partie maritime des départemens méridionaux de l'Empire, et de ceux du royaume d'Italie, où sa réussite peut d'avance être considérée comme certaine, si on tente jamais de l'y introduire.

PLANCHE II.

Rameau représentant les feuilles et les glands de grandeur naturelle.

QUERCUS *PHELLOS.*

WILLOW OAK.

Quercus foliis lineari-lanceolatis, integerrimis, glabris, apice setaceo-acuminatis, junioribus dentatis lobatisve; cupulá scutellatá, glande subrotundá, minimá.

CETTE espèce, très-remarquable par son feuillage, commence à se trouver, en allant du nord au midi, dans les environs de Philadelphie ; mais elle y est moins multipliée, et n'y acquiert pas un aussi grand développement que dans les États situés plus au sud, tels que la Virginie, les deux Carolines et la Géorgie, où la température moins rigoureuse qu'on y éprouve en hiver, paroît évidemment avoir une influence favorable sur sa végétation. Ce n'est cependant que dans la partie maritime des États méridionaux, qu'on remarque le *Quercus phellos* ; il semble, au contraire, étranger à l'intérieur de ces mêmes états, dont le sol est montueux et la température plus froide. On doit, selon toute apparence, le trouver dans la Basse-Louisiane qui a beaucoup de rapports, par le climat et la nature du sol, avec la partie basse des États dont nous venons de parler. Je ne l'ai point observé au-delà des monts Alléghanys, dans ceux du Kentucky et du Ténessée.

Le *Quercus phellos* croît ordinairement dans les terreins très-frais et même humides ; et, réuni au *Nyssa aquatica* au *Magnolia glauca,* à *l'Acer ru-*

Willow Oak.
Quercus phellos.

brum, au *Laurus caroliniensis*, et au *Quercus aquatica*, il garnit les marais si nombreux qui existent dans la partie maritime des Etats méridionaux. Dans ces sortes de situations qui sont, comme je viens de le dire, celles qui lui conviennent davantage, il s'élève à 50 et 60 pieds (20 mètres), sur 20 à 24 pouces (60 centim.) de diamètre. Le tronc, même dans les vieux arbres, est couvert d'une écorce unie, ou à peine crevassée, et dont le tissu cellulaire est fort épais. Les feuilles lisses, entières, étroites et longues, de 2 à 3 pouces (7 centimètres), sont d'un vert clair et d'une texture assez fine. Leur forme, qui a une certaine ressemblance avec celle des feuilles du saule, lui a fait donner le nom *Willow oak, Chene saule*, le seul qu'il porte dans toutes les parties de l'Amérique septentrionale où il se trouve.

Je viens de dire que le Chêne saule se rencontroit rarement autre part que dans les lieux très-humides. Cette assertion supposoit des exceptions. En effet, par une de ces causes dont il est assez difficile de rendre compte, on le trouve quelquefois près de la mer, au milieu des Chênes verts, dans des terreins très-secs et très-sablonneux. Alors, il a de loin tout l'aspect de cette dernière espèce, tant par sa forme, que par son feuillage qu'il conserve vert plusieurs années de suite ; mais, examiné de près, on le reconnoît bientôt à ses feuilles, qui sont plus courtes et beaucoup plus étroites, ainsi qu'à la texture de son bois, qui est très-poreux.

Les glands du Chêne saule, rarement abondans, sont contenus dans une cupule peu profonde et légèrement écailleuse; ils sont petits, arrondis, de couleur brun-foncé et fort amers. Quand on les tient dans un endroit frais, ils peuvent, sans pousser, conserver leur faculté germinative pendant plusieurs mois.

Le bois du *Quercus phellos* est rougeâtre, le grain en est grossier et les pores en sont très-ouverts; ce qui fait que le merrain qui en provient, ne peut convenir pour faire des barriques, ou tonneaux destinés à contenir des liqueurs spiritueuses, même des vins : aussi, ce qui s'en fabrique est-il classé parmi le merrain de Chêne rouge, et employé aux mêmes usages. Au surplus, la quantité qui s'en exploite sous ce rapport, se réduit à peu de chose; car, cet arbre, confiné dans certaines localités, est réellement peu abondant, comparativement à une foule d'autres; et j'oserai même avancer que tout ce qui en existe dans les États-Unis ne suffiroit pas, si on l'employoit seul, pour subvenir aux besoins du pays et du commerce pendant le cours de deux années. Dans quelques cantons de la Basse-Virginie, et notamment dans le comté d'York, l'expérience paroît avoir appris que le bois du *Quercus phellos* est doué de beaucoup de force et de ténacité, et qu'il est moins sujet à se fendre que celui du Chêne blanc; et c'est à cause de cette propriété, qu'après l'avoir d'abord bien laissé sécher, on s'en sert pour faire des jantes de roues de charrettes et de cabriolets. Cet usage, avec celui in-

diqué plus haut, est le seul auquel j'ai trouvé
que ce bois fût adapté, et je ne puis croire même
qu'il y soit aussi propre que des morceaux bien
choisis de *Quercus obtusiloba,* ou de *Fraxinus discolor.* Cependant, j'ai encore vu les champs de plusieurs habitations, dans les environs d'Augusta en
Géorgie, dont les clôtures étoient faites, en partie, de
bois de Chêne saule; mais elles durent huit à neuf
ans au plus, tandis que celles faites en *Quercus prinus palustris* résistent pendant quatorze ou quinze.
Le *Quercus phellos* ne fournit même qu'un mauvais
bois de chauffage; et quand on l'exploite dans cette
vue, il est toujours rangé dans la classe de ceux qui
se vendent au prix le plus bas.

D'après ce qui précède, on peut juger que cet arbre,
considéré sous le rapport des avantages qu'il peut
offrir aux arts et au commerce, est d'un foible intérêt pour les Européens, et même pour les habitans
des Etats-Unis, qui, dans les défrichemens, ne doivent avoir aucun égard à sa conservation.

Nous possédons en France plusieurs Chênes saules
d'une grande hauteur. Il en existe surtout dans le
jardin impérial du Petit-Trianon, un fort bel individu, qui a plus de 40 pieds (12 mètres), et dont
la belle végétation et le feuillage vraiment singulier
pour un Chêne, attirent toujours avec plaisir l'attention des curieux.

PLANCHE XII.

Rameau représentant les feuilles et les glands de grandeur naturelle.

QUERCUS *IMBRICARIA.*

Quercus *foliis subsessilibus, ovali-oblongis, acutis, inte-*
gerrimis, nitidis : glande subhemisphericá.

Cette espèce de Chêne, assez rare à l'est des monts
Alléghanys, n'y est connue, sans doute par cette
raison, sous aucun nom particulier; tandis qu'à l'ouest
de ces montagnes, où elle est plus multipliée, et où,
par conséquent, elle a dû attirer davantage l'attention des colons qui sont venus s'y fixer, elle est désignée sous ceux de *Jack oak, Black Jack oak,* et quelquefois de *Laurel oak,* Chêne laurier, d'après la forme
de ses feuilles. Cette dernière dénomination m'a paru
la plus convenable, et je l'ai conservée, quoiqu'elle
ne soit peut-être pas aussi usitée que la première.

C'est à un ou deux milles en-deçà de Bedford, sur
la grande route de Philadelphie à Pittsburgh, qui,
à cet endroit, longe la rivière Juniata, que j'ai observé, pour la première fois, dans la Pensylvanie, cet
arbre qui ne se trouve dans aucun des Etats situés
plus au nord. Je ne l'ai vu ensuite très-abondant
qu'au-delà des montagnes, et notamment aux environs de Washington, Pen., ainsi que dans quelques parties des Etats du Kentucky et du Ténessée.
Il paroît encore, d'après les observations de mon père,
que le *Quercus imbricaria* est plus commun dans

Laurel Oak.

Quercus imbricaria.

le pays des Illinois, que dans aucun des endroits que je viens d'indiquer. Les Français de ces contrées lui donnent le nom de *Chêne à lattes*.

Dans la partie de la Pensylvanie et de la Virginie, située au-delà des montagnes, on rencontre assez souvent, au milieu des forêts, des vallons plus ou moins étendus, où se trouvent des espaces de 10 à 30 arpens (5 à 15 hectares), qui sont naturellement dégarnis d'arbres, et couverts uniquement d'herbes élevées et touffues. C'est principalement, dans le pourtour de ces petites savannes, qu'on voit des bouquets de bois, composés exclusivement de cette espèce de Chêne, qui, quelquefois cependant, croît aussi isolément dans les lieux frais et humides. C'est vraisemblablement par la raison que cet arbre vient de préférence dans des situations très-découvertes, qu'il est plus commun que par-tout ailleurs dans le pays des Illinois, où l'on aperçoit, de toutes parts, des prairies très-étendues, et où les parties boisées sont en beaucoup moindre proportion.

Le *Quercus imbricaria* s'élève de 40 à 50 pieds (15 mètres), sur un diamètre de 12 à 15 pouces (35 centimètres). Son tronc, revêtu d'une écorce unie, même dans les vieux arbres, est très-rameux dans les trois quarts de sa hauteur, ce qui donne à ce Chêne un assez vilain aspect, lorsqu'en hiver il est privé de son feuillage. En été, il paroît très-touffu par la raison contraire, surtout quand il est isolé; et ses feuilles, très-rapprochées les unes des autres sur ses nombreuses branches, ajoutent encore à cette apparence; elles sont longues de 3 à 4 pouces (10 centim.), de forme lancéolée, toujours entières, luisantes, et d'un vert très-agréable à l'œil.

Le bois du *Quercus imbricaria* est pesant et dur, quoique les pores en soient entièrement vides. L'arbre étant d'ailleurs très-branchu, et le tronc souvent tortueux, il n'est reconnu propre qu'au chauffage dans les contrées où je l'ai observé personnellement. Mais, mon père, qui le premier a décrit cette espèce, rapporte que les Français du pays des Illinois l'emploient pour faire des essentes ou bardeaux, ce qui doit faire présumer qu'il acquiert dans cette partie de l'Amérique septentrionale un beaucoup plus grand développement. Cependant ce ne peut être, à mon avis, que le manque d'espèces plus propres à cet usage qui puisse obliger à s'en servir; car son bois, très-semblable à celui du *Quercus phellos,* est réellement d'une qualité inférieure. Je pense en définitif que cet arbre ne peut être que d'un médiocre avantage pour la société.

Son feuillage, très-singulier pour un Chêne, me paroît être sa seule recommandation auprès des curieux, qui veulent ajouter à l'agrément de leur résidence champêtre, en y variant les arbres étrangers, qui peuvent supporter la température du milieu de l'Europe.

PLANCHE XIII.

Rameau représentant les feuilles et les glands de grandeur naturelle.

P. J. Redouté del.

Boquet sculp.

Upland Willow Oak

Quercus cinerea.

QUERCUS *CINEREA.*

UPLAND WILLOW OAK.

Quercus, *foliis petiolatis, lanceolato-oblongis, acutis, inte-gerrimis, subtùs cinereo-pubescentibus : cupulá scutel-latá ; glande subhemisphœricá.*

Le *Quercus cinerea* appartient exclusivement à la partie méridionale et maritime des Etats du Sud, où il est connu sous le nom de *Upland Willow-oak*, Chêne saule des terres élevées. Cette dénomination est assez bonne ; car cette espèce de Chêne peu abondante sur le continent, comparativement à beaucoup d'autres arbres, est disséminée par petits groupes au milieu des pinières composées de *Pinus australis.* On le trouve encore sur les bords de la mer et dans les îles qui bordent la côte ; là, il couvre exclusivement des étendues de plusieurs arpens, dont le sol est encore plus aride que celui de la Terre-ferme : mais les individus qui croissent dans ces deux situations, présentent un aspect si différent, qu'on seroit tenté de les prendre pour des espèces distinctes. En effet, ceux qui croissent au milieu des pins, ont 18 et 20 pieds (6 mètres) de haut, sur un diamètre de 4 à 5 pouces (12 centim.) ; leurs feuilles sont entières, longues d'environ 2 pouces et demi (65 mil-limètres), et blanchâtres en-dessous ; ceux, au con-traire, qui croissent dans les îles ou sur la partie du continent qui est très-rapprochée de la mer, et dont le terrain est aride, comme dans les environs de la ville de Willemington, N. C., ne parviennent qu'à 3 et 4 pieds (1 mètre) de hauteur, et leurs feuilles, longues seulement d'un pouce (27 millim.), sont dentées : elles sont même assez consistantes pour rester deux ans sans tomber. Je me suis assuré que ces deux variétés étoient une même espèce, par un grand nombre de pieds appartenant à celle qui s'é-lève le plus, et qui croît dans les pinières : ces arbres qui avoient été coupés, repoussoient des rejetons dont les feuilles étoient absolument pareilles à celles de la variété, qui vient dans les îles et sur le bord de la mer.

Le *Quercus cinerea* est une des mauvaises espèces de Chênes, qui succèdent naturellement aux pins dans les terrains couverts de ces arbres, qu'on a tenté de cultiver d'abord, mais qu'on a été forcé d'abandonner bientôt, à cause de la stérilité du sol. Dans ces endroits, le *Quercus cinerea* s'élève jusqu'à 20 pieds (7 mètres); mais, comme les individus de cette même espèce qui viennent dans les pinières, il est très-branchu dans les trois-quarts de sa hauteur, et son tronc tortueux est couvert d'une écorce très-épaisse. Au printemps, les feuilles et les chatons qui portent les fleurs mâles, ont, à l'époque de leur développement, une teinte rougeâtre qui les fait reconnoître d'assez loin. Les glands, contenus dans une cupule peu profonde, sont arrondis et noirâtres ; lorsqu'ils sont nouvellement sortis de la cupule, le *hill* ou leur base est d'un rose assez vif. Il est rare de trouver des arbres qui en donnent un litre.

Je suis le premier qui ai observé que le *Quercus cinerea* est la seule espèce de Chêne, après le *Quercus tinctoria*, dont l'écorce donne une belle couleur jaune: mais, comme il est peu multiplié dans les forêts, et que ses dimensions sont très-petites, on ne peut en tirer aucun avantage sous ce rapport, et on en fait si peu de cas dans les Etats du midi, à cause de son petit diamètre, qu'on ne l'exploite même pas comme bois de chauffage.

Observation. A cette espèce doit se rapporter le *Quercus nana* de Willdenow, qui est bien certainement la variété dont j'ai parlé, et qui se trouve principalement sur les îles qui bordent la côte dans les Etats méridionaux.

PLANCHE XIV.

Rameau représentant les feuilles et les glands de grandeur naturelle.
Fig. 1. Feuille de grandeur naturelle de la variété qui croît sur le bord de la mer.

QUERCUS *PUMILA.*

RUNNING OAK.

QUERCUS, *foliis deciduis , lanceolatis , integerrimis , basi attenuatis , apice dilatatis : cupulá scutellatá; glande subhemisphæricá.*

Q. Sericea. WILLD.

DE toutes les espèces de Chênes qui existent dans les Etats-Unis, et même qu'on a trouvées jusqu'à présent dans les autres parties, soit de l'ancien, soit du nouveau continent, il n'en est aucune qui s'élève si peu que le *Quercus pumila;* car il a rarement plus de 20 pouces (55 centim.) de hauteur, sur 2 lignes (4 millim.) de diamètre. Comme le *Quercus cinerea*, il appartient exclusivement à la partie méridionale et maritime des deux Carolines, de la Géorgie et des Florides, où il est désigné par les habitans sous le nom de *Runing oak*, Chêne traçant: de même que celui-ci, il croît dans les landes ou pinières, où il est mêlé parmi les nombreuses variétés de *Vaccinium, d'Andromeda*, et d'autres plantes qui couvrent le terrain partout où il y a un peu de fraîcheur, et où la couche de terre végétale a quelques pouces d'épaisseur.

Les feuilles de ce Chêne arbuste sont rougeâtres au printemps; cette teinte s'évanouit à mesure que la saison s'avance, et elle est remplacée par la cou-

Running Oak.
Quercus pumila.

leur verte ; ces feuilles, lorsqu'elles ont acquis tout
leur développement, sont entières, lisses, de forme
ovale-alongée, et ont environ 2 pouces (5 centim.)
de longueur. Les glands, dont on ne trouve jamais
que quelques-uns sur les tiges, sont très-petits, arrondis et très-semblables à ceux du *Quercus phellos* et du
Quercus aquatica. S'ils sont aussi rares, c'est principalement parce que les tiges sont brûlées jusqu'à
la superficie du sol, presque tous les ans, au printemps, par le feu que les Américains sont dans l'u-
sage de mettre, à cette époque, dans les forêts. Les
jeunes glands qui, dans le cours de la même année,
devoient compléter leur entière maturité, sont alors
détruits avec les tiges qui les portoient, bien que
celles de l'année soient toujours couvertes des chatons chargés de fleurs mâles et de rudimens de fleurs
femelles ; car le *Quercus pumila* appartient à la di-
vision des espèces à fructification bisannuelle, c'est-
à-dire, qui ne la complètent que dans le cours de
dix-huit mois, et non dans l'espace de neuf mois,
comme le Chêne blanc.

Les observations de MM. Bosc et Delille, botanistes distingués, qui ont habité long-temps le midi
des Etats-Unis, et celles qui me sont personnelles,
m'ont décidé à présenter ce Chêne comme une espèce différente, et non comme une variété du Chêne
saule, ainsi que mon père l'a considéré dans sa
monographie, sur ce genre d'arbre aussi utile qu'important à bien connoître.

On conçoit aisément qu'un aussi petit arbuste ne

sauroit offrir aucun degré d'utilité dans les arts, et qu'il ne peut intéresser que les botanistes.

PLANCHE XV.

Rameau représentant les feuilles et le fruit de grandeur naturelle.

Bartram's Oak .

Quercus heterophilla.

QUERCUS *HETEROPHYLLA*.

BARTRAM OAK.

QUERCUS *, foliis longè petiolatis , ovato-lanceolatis , integris vel inæqualiter dentatis ; glande subglobosá.*

LES voyageurs qui ont parcouru les diverses parties du monde, pour en étudier les productions naturelles; les botanistes qui se sont livrés d'une manière plus particulière, à l'étude des végétaux, et qui ont publié la Flore des pays qu'ils ont visités, ont dû remarquer qu'il existoit des plantes et des arbres, appartenant à des espèces si peu multipliées, qu'elles sembloient faire prévoir leur prochaine disparition de la surface du globe. Le Chêne, dont je donne ici la description, paroît devoir être rangé dans cette classe: car plusieurs botanistes américains et anglais qui, comme mon père et moi, n'ont cessé pendant bien des années de parcourir les Etats-Unis dans toute sortes de directions, et qui très-obligeamment nous ont communiqué, pour les progrès de la science, les résultats de leurs observations, n'ont, ainsi que nous, rencontré nulle part aucun autre *Quercus heterophylla*, que le seul individu qui croît à quatre milles de Philadelphie, sur le bord de la Schuylkill dans un champ, dépendant de la ferme de M. Bartram. Ce Chêne a environ 8 pouces (65 centim.) de diamètre et 3o pieds (10 mètres) d'élévation; il est d'une belle venue, et paroît devoir encore arriver à une beaucoup plus grande hauteur. Ses feuilles sont ovales, alongées, et garnies irrégulièrement de larges dents : elles sont lisses en-dessus et en-dessous et d'un vert sombre. Les glands, de médiocre grosseur et arrondis, sont contenus dans des cupules peu profondes et légèrement écailleuses.

J'avois d'abord pensé que cet arbre pouvoit être une variété du *Quercus laurifolia*, avec lequel il a le plus de rapport; mais je me suis assuré du contraire, car dans aucun cas les feuilles de cette dernière espèce ne sont dentées; d'une autre pàrt, il n'y a point de *Quercus laurifolia* à plus de 5o milles de celui qui fait l'objet de cet article. Je possède quelques jeunes plants du *Quercus heterophylla*, que je tiens de l'obligeance de M. Bartram; ils viennent très-bien en pleine terre, et je me propose de les planter dans quelques jardins publics, pour assurer leur conservation d'une manière plus certaine.

PLANCHE XVI.

Rameau représentant les feuilles et les glands de grandeur naturelle.

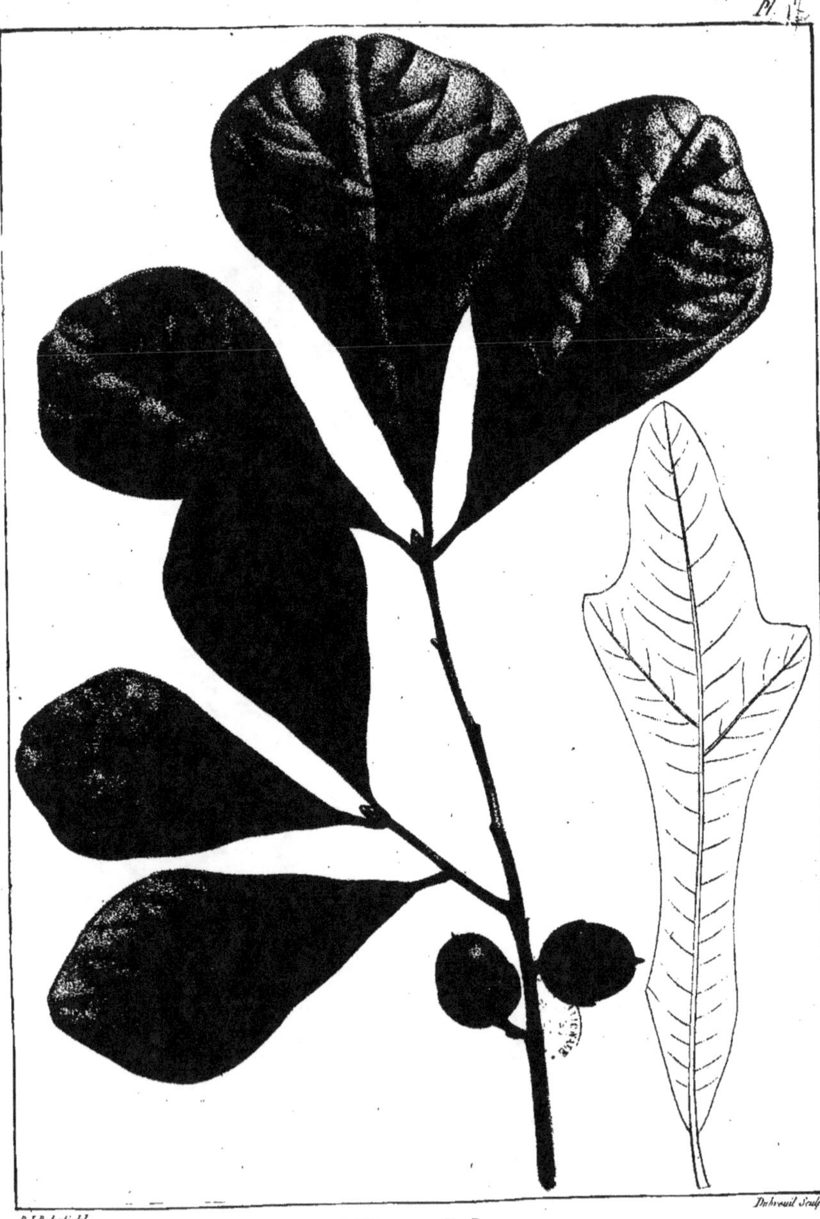

Water Oak

Quercus aquatica.

QUERCUS *AQUATICA*.

WATER OAK.

QUERCUS, *foliis obovali-cuneatis, basi acutis, summitate subintegris, variève trilobis, glabris: cupulá modicè crateratá; glande subglobosá.*

C'EST à peu de distance de Richemond en Virginie, qu'en voyageant du Nord au Sud, j'ai, pour la première fois, remarqué dans les forêts, cette espèce de Chêne. On la rencontre ensuite d'autant plus fréquemment qu'on avance vers des latitudes plus méridionales, et elle finit par être très-commune dans les Basses-Carolines, la Basse-Géorgie et la Floride orientale. Dans ces différens Etats, elle est désignée sous le seul nom de *Water oak*, Chêne aquatique. Il arrive cependant, quoique rarement, que, sous cette dénomination, le *Quercus aquatica* est confondu avec le Chêne saule; car ils croissent toujours ensemble et avec les mêmes espèces d'arbres, dans les petits marais qui traversent les landes ou pinières, et autour des mares qui y sont enclavées. D'où il s'ensuit que le Chêne aquatique ne demande pas un sol plus humide que le Chêne saule ou le *Quercus prinus palustris*, comme pourroit le faire croire le nom qui lui a été donné par les habitans.

Le *Quercus aquatica* s'élève beaucoup moins que le Chêne saule; car sa hauteur excède rarement 40 à 45 pieds (15 mètres.) sur 1 pied à 18 pouces (50 centim.) de diamètre. Dans les arbres qui ont

II.   12

acquis tout leur développement, les feuilles sont lisses et luisantes, et leur configuration est, à peu de chose près, pyriforme, étant arrondies et beaucoup plus longues à leur sommet qu'à leur base, qui se termine par un angle aigu. En Virginie, où les hivers sont encore assez rigoureux, elles tombent dès les premières gelées, tandis que sur le bord de la mer, dans la Caroline méridionale, la Géorgie et la Floride, les froids sont si peu sensibles qu'elles subsistent deux et même trois ans, sans se renouveler.

Il n'est aucune espèce de Chêne dans les Etats-Unis qui, dans sa jeunesse, présente des feuilles dont les formes soient aussi variées et si peu semblables à celles qu'elles ont, lorsque les arbres ont acquis tout leur accroissement. Cette différence dans la foliation a lieu également dans les rejetons des vieux arbres qui ont été abattus, et sur les nouvelles pousses des grosses branches qui ont été coupées. Ces feuilles sont le plus ordinairement elliptiques, avec des dents très-prononcées, très-saillantes et placées fort irrégulièrement sur leur bord.

Les glands du *Quercus aquatica*, contenus dans une cupule peu profonde et peu écailleuse, sont fort petits, de couleur brune et fort amers; l'arbre le plus fort en donne rarement plus de cinq à six litres : ces glands, comme ceux du Chêne saule, peuvent conserver leur faculté germinative pendant plusieurs mois, pour peu qu'ils soient tenus fraîchement.

Le tronc du *Quercus aquatica* est revêtu d'une écorce lisse ou très-peu fendillée, même dans les plus vieux individus. On se sert rarement de son écorce pour le tannage des cuirs, soit parce qu'il n'est pas plus multiplié que le Chêne saule, soit parce que cette écorce est d'une qualité inférieure à celle du *Quercus falcata*, lequel est beaucoup plus commun dans les mêmes pays.

Le bois du *Quercus aquatica* est très-coriace, mais moins durable que ceux du Chêne blanc et du Chêne blanc châtaignier; et l'on préfère toujours ceux-ci pour le charronnage et la bâtisse, lorsqu'on est à portée de s'en procurer.

D'après les recherches que j'ai faites sur cette espèce de Chêne, qui n'est que de la seconde grandeur, il résulte que cet arbre n'offre aux Européens qu'un médiocre intérêt, d'autant plus que les froids qu'on éprouve dans le milieu de la France suffisent pour geler ses jeunes pousses, et qu'il ne viendroit parfaitement bien que dans les départemens méridionaux. Quant aux Etats-Unis, les diverses contrées où se trouve le Chêne aquatique, produisent assez d'autres sortes de Chênes, dont le bois est beaucoup meilleur; d'où il s'ensuit que cette espèce, ne méritant, en aucune manière, d'être réservée dans les nouveaux défrichemens, finira par disparoître peut-être entièrement des pays où elle se trouve, comme plusieurs autres qui sont déjà rares et dont le bois a peu de valeur.

PLANCHE XVII.

Rameau représentant les feuilles et les glands de grandeur naturelle.

QUERCUS *FERRUGINEA.*

BLACK JACK OAK.

Quercus, *foliis coriaceis, summitate dilatatis, retuso-sub-
trilobis basi retusis, subtùs rubiginoso-pulverulentis:
cupulá turbinatá, squamis obtusis, scariosis; glande
brevi ovatá.*

Q. Nigra. Willd.

C'est dans le New-Jersey, entre Allenstown et
Cranbery, petites villes situées à environ 60 milles
à l'est de Philadelphie, que, pour la première fois,
j'ai remarqué dans les forêts cette espèce de Chêne;
mais dans cet endroit elle m'a paru moins élevée et
moins abondante que plus au midi. Dans cet Etat,
ainsi qu'à Philadelphie seulement, on donne à cet
arbre le nom de *Barrens oak,* tandis que dans le Maryland, la Virginie et les Etats méridionaux, il est désigné sous celui de *Black jack.* J'ai cru devoir conserver cette dernière dénomination, non parce qu'elle
est la plus convenable, mais parce qu'elle est la plus
universellement employée. J'ai cru devoir aussi changer le nom spécifique latin de *nigra* en celui de
ferruginea, attendu que, dans tous les Etats-Unis, le
nom de Chêne noir est seulement donné au *Quercus
tinctoria,* et jamais à l'espèce que je décris.

Cette espèce de chêne appartient plus particulièrement aux mauvaises terres, qui sont formées d'un
sable rouge, argileux et entremêlé de gravier; terrains maigres et si peu productifs que, si on les sou-

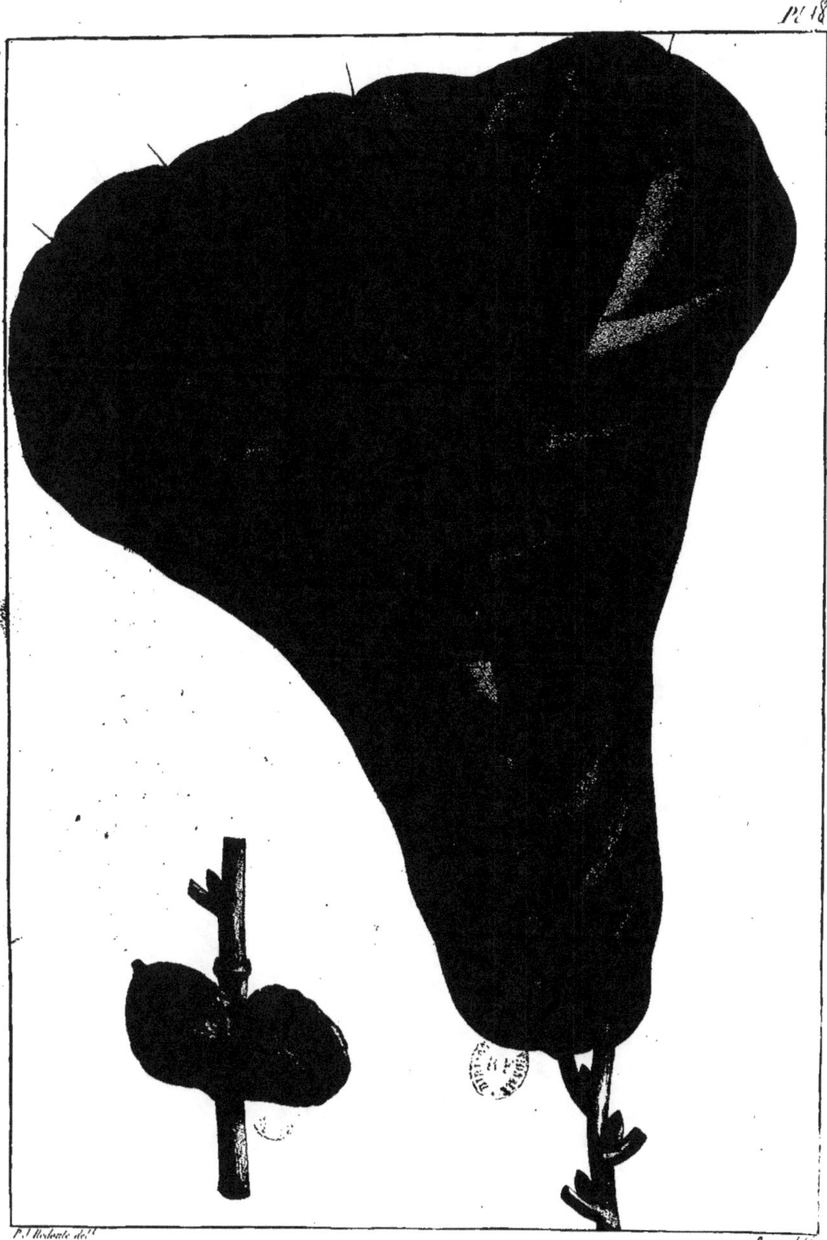

Black Jack Oak.
Quercus ferruginea.

met à la culture, ils sont épuisés dès la cinquième ou sixième récolte. Malheureusement, ces sortes de terres forment une grande partie du sol du Maryland et de la Basse - Virginie, ce qui comprend une étendue d'environ 4 à 500 milles, à partir de Baltimore jusqu'aux limites de la Caroline septentrionale. Dans tout cet intervalle, à l'exception des vallons, des marécages et des côteaux qui les avoisinent, le pays n'offre que des forêts dégradées et appauvries par le feu, et par les bestiaux qui y vivent une très-grande partie de l'année. Ces forêts ne sont presque entièrement composées que de pins jaunes, de chênes à poteaux, de chênes ferrugineux, de mauvais chênes écarlates et de chênes noirs. Cette même nature de terrain, garnie de pareils arbres, constitue encore, et dans une étendue de plus de 400 milles sur 15 à 30 de largeur, la lisière ou le point intermédiaire qui, dans les deux Carolines et la Géorgie, unit les pinières aux forêts, composées d'espèces d'arbres qui requièrent un fonds plus fertile; car le sol le devient d'autant plus qu'on avance vers les montagnes. Dans le Kentucky et le Ténessée, on trouve aussi ce Chêne, mais seulement dans les prairies (*barrens*), où il est très-disséminé, et où il résiste aux incendies qui, presque tous les printemps, brûlent les herbes dont elles sont couvertes. La conservation de cet arbre dans cette circonstance, me paroît due à l'épaisseur de son écorce, ainsi qu'à son isolement; car le feu, poussé par le vent, n'a que le temps de brûler son feuillage. Dans

les landes, *Pines barrens,* qui occupent toute la partie maritime des Etats méridionaux, cet arbre croît
principalement sur les bords des petits marais qui
les traversent, et dont le sol est toujours un peu plus
substantiel que celui qui produit les pins. C'est encore cette espèce qui, avec le chêne à feuilles cen-
drées et celui de Catesby, s'empare, dans cette partie des Etats méridionaux, des terrains abandonnés
à cause de leur infertilité, et succède aux pins qui
les couvroient antérieurement. Dans ces situations
particulières, j'ai toujours observé que ces arbres
acquéroient de plus fortes dimensions que dans les
bois.

Le *Quercus ferruginea* s'élève quelquefois à 3o
pieds (10 mètres), sur 8 à 10 pouces (25 centim.)
de diamètre ; mais le plus souvent il ne parvient
qu'à la moitié de ces dimensions. Son tronc, rarement droit, est couvert d'une écorce (épiderme)
profondément crevassée, très-dure, très-épaisse, et
presque noire ; le tissu cellulaire qu'elle couvre,
est de couleur de brique. Sa cime est fort élargie,
disposition qui paroît lui être naturelle, même lorsqu'il vient au milieu des bois. Ses feuilles, lors de
leur développement au printemps, sont jaunâtres et
pulvérulentes ; mais lorsqu'elles ont acquis toute leur
grandeur, elles sont d'un vert obscur, épaisses,
coriaces et ferrugineuses en-dessous : assez grandes et
fort élargies à leur sommet, elles ont la forme d'une
poire renversée. A l'automne, elles prennent une
teinte rougeâtre, et tombent peu après les premières
gelées.

La fructification de ce Chêne est très-peu abondante, et il n'y a jamais que les plus vieux arbres qui rapportent; encore, la quantité de glands qu'ils donnent, se réduit-elle à quelques poignées. Les glands sont assez gros et renfermés, jusqu'à la moitié, dans des cupules très-écailleuses.

Le bois du *Quercus ferruginea* est pesant et assez compacte, lorsqu'il provient d'arbres qui ont plus de 8 pouces (20 centim.) de diamètre; mais, avant qu'il ait acquis cette grosseur, ses pores sont ouverts, et le grain en est très-grossier. Il n'est d'aucun usage dans les arts, parce qu'il est sujet à être attaqué dans le cœur, et susceptible de pourrir très-promptement lorsqu'il est exposé aux intempéries de l'air. Le seul avantage qu'il offre à la société, c'est de fournir un très-bon bois de chauffage, et, sous ce rapport, il tient, à Philadelphie, le premier rang, après le noyer *hickery*; car il se vend seulement un dollar ou 5 fr. de moins par corde, tandis que les autres sortes de bois valent 30 pour cent de moins.

D'après cette description, on voit que le *Quercus ferruginea* ne présente aucune utilité réelle aux Européens: le seul degré d'intérêt qu'il peut offrir, c'est d'attirer, par son feuillage assez singulier, l'attention des amateurs de cultures étrangères.

PLANCHE XVIII.

Rameau représentant les feuilles et les glands de grandeur naturelle.

QUERCUS *BANISTERI.*

BEAR OAK.

QUERCUS, *foliis longè petiolatis, acutangulo-quinque-lobis, margine integris, subtùs cinereis : cupulá subturbinatá ; glande subglobosá.*

CETTE petite espèce de Chêne est connue dans les Etats du Nord et du milieu, sous les différens noms de *Bear oak*, Chêne à gland d'ours, de *Black scrub oak*, Chêne chétif noir, et de *Dwarf red oak*, petit Chêne rouge. De ces diverses dénominations, j'ai conservé la première, comme la plus en usage dans le New-Jersey, où ce Chêne arbuste est fort abondant. Les botanistes lui ont donné le nom spécifique latin de *Banisteri*, parce que c'est un Anglais nommé *Banister*, qui, le premier, l'a fait connoître dans ses écrits.

Le *Quercus banisteri* paroît entièrement étranger à la partie méridionale des deux Carolines, de la Géorgie et de la Basse-Virginie, car je ne me ressouviens pas de l'y avoir vu. Il est, au contraire, assez commun dans les Etats du Nord, et je crois qu'il l'est encore davantage dans ceux de la Pensylvanie, du New-Jersey et de New-York. Je l'ai plus particulièrement observé dans ce dernier Etat, sur les montagnes de Fish-kill, de Kattskill, et près d'Albany; dans le New-Jersey, aux environs de Paramus; enfin dans la Pensylvanie, sur les différens chaînons

Bear's Oak.

Quercus banisteri.

des Alléghanys, qu'on traverse en allant à Pittsburgh. Car il est à remarquer qu'il ne croît pas isolément au milieu des forêts, qu'il n'est pas même entremêlé avec d'autres arbrisseaux, mais qu'il vient seulement dans certains cantons, dont il couvre presque exclusivement plusieurs centaines d'arpens. Le *Quercus prinus chincapin* est très-souvent mêlé avec lui, mais toujours dans une proportion infiniment moindre.

La hauteur la plus ordinaire du *Quercus banisteri* est de 3 à 4 pieds (1 mètre): néanmoins, il parvient quelquefois jusqu'à 8 et 10 (3 mètres); ce qui n'arrive, il est vrai, que dans les individus qui sont accidentellement séparés, et qui croissent dans des veines de terres plus fertiles ; car ils sont ordinairement si rapprochés les uns des autres, et leurs branches sont tellement mêlées ensemble, qu'il est difficile de traverser ces sortes de taillis naturels, quoiqu'ils ne dépassent pas la ceinture. Comme les individus qui composent ces taillis , s'élèvent naturellement à la même hauteur , leur sommet présente une surface tellement uniforme que, vu dans l'éloignement, l'espace qu'ils occupent paroît plutôt couvert d'herbages que d'arbustes.

Le tronc, qui est très-rameux, et même les branches secondaires, sont couverts d'une écorce lisse, et ils offrent plus de résistance qu'on ne devroit en attendre d'un arbrisseau qui acquiert rarement plus d'un pouce (25 millim.) de diamètre. Ses feuilles, divisées assez régulièrement en trois ou cinq lobes, sont d'un vert sombre à leur partie supérieure, et blanchâtres en-dessous. Ses glands sont assez petits, noirâtres et comme rayés, dans leur longueur, de quelques lignes rougeâtres. Il semble que la nature ait voulu compenser la petitesse de ce Chêne par une fructification singulièrement abondante; car dans certaines années, les glands sont tellement serrés les uns contre les autres, qu'ils couvrent les branches. Le peu d'élévation de ce Chêne donne aux ours, aux cerfs et aux cochons, la facilité de s'en nourrir, pour peu qu'ils lèvent la tête, ou seulement en se tenant sur leurs pieds de derrière.

La présence du *Quercus banisteri* est considérée comme un indice certain de la stérilité du sol qui, dans les endroits où il croît, est presque toujours sec, sablonneux et très-mélangé de gravier. L'exiguité de ce Chêne est telle qu'on ne l'emploie en aucune manière. J'ai cependant remarqué à une petite distance de Goshen sur la route qui conduit à New-York qu'on avoit tenté de s'en servir pour renforcer les clôtures des champs cultivés, en favorisant sa croissance près de ces clôtures : mais cette opération étoit si imparfaite, que le but qu'on s'étoit proposé n'étoit pas atteint. Je crois, néanmoins, qu'on pourroit l'employer fort utilement dans les Etats du Nord et du milieu, à former des haies de 20 à 24 pouces (60 centim.) d'épaisseur: pour cela il suffiroit d'ouvrir trois sillons à 6 p^ces (16 cent.) d'intervalle et de semer des glands dans chacun des rayons. Cette sorte de haies, qui seroit formée assez promptement, offriroit un coup d'œil agréable, et seroit, je pense, suffisante pour s'opposer au passage des chevaux et des vaches. Néanmoins, je suis convaincu que des haies faites en épines d'Europe seroient bien préférables; mais leur plantation exigeroit un assez bon terrain, et beaucoup plus de temps et de soins que les Américains ne peuvent en donner pour le présent à cause de la cherté de la main d'œuvre. C'est pour cette raison, que les haies de ce genre qu'on voit dans les environs de Philadelphie, sont dans un tel état de dégradation, que si on en voyoit de pareilles dans le nord de la France, on auroit une très-mauvaise opinion des fermiers possesseurs de champs si mal enclos.

Le *Quercus banisteri* a de trop petites dimensions pour être d'aucun usage dans les arts; mais, comme il est susceptible de croître dans les terrains les plus arides, et de résister aux froids les plus intenses, ainsi qu'aux vents les plus impétueux, il seroit peut-être possible de s'en servir utilement pour protéger, dans les premières années, les semis d'arbres plus importans qu'on voudroit faire dans de pareilles expositions ; car ce sont là les plus grands obstacles qu'on ait à surmonter dans les plantations des dunes sur les bords de l'Océan : c'est, du moins, ce qu'on m'a fait remarquer, lorsque je parcourois les côtes de la mer, près de La Haye.

Les propriétaires de grands domaines, qui sont amateurs de la chasse, pourront encore tirer parti de ce Chêne nain et du *Quercus prinus chincapin*, pour en former des garennes. Leur fructification très-abondante serviroit à nourrir le gibier pendant plusieurs mois, et leur élévation qui n'excède pas 3 à 4 pieds (1 mètre) , permettroit aux chasseurs de tirer facilement le gibier qui s'éleveroit au-dessus de ces taillis.

Je n'ai rien à ajouter de plus à l'histoire de cette petite espèce de Chêne, dont on trouve dans toutes les pépinières beaucoup de pieds , provenant des nombreux envois que j'ai faits pendant mon dernier voyage.

PLANCHE XIX.

Rameau représentant les feuilles et le fruit de grandeur naturelle.

Barrens Scrub Oak.

Quercus catesbæi.

QUERCUS *CATESBOEI.*

BARRENS SCRUB OAK.

Quercus, foliis brevissimè petiolatis , basi angustatis, acutis , sub-palmato-lobatis , lobis interdùm sub-falcatis : cupulá majusculá , squamis marginalibus introflexis ; glande brevi ovatá.

CETTE espèce de Chêne, d'après mes observations, paroît se trouver exclusivement dans la partie basse des deux Carolines et de la Géorgie ; car je ne l'ai vue dans aucun des autres Etats où j'ai voyagé. C'est à quelques milles au Sud de Raleigh, latitude 35°, 40′, que, pour la première fois, je l'ai observée en me rendant de Philadelphie à Savanah en Géorgie. De tous les Chênes de l'Amérique septentrionale, c'est celui qui croît dans les terrains les plus maigres, et souvent si peu propres à la végétation, qu'ils ne sont pas même couverts d'une légère couche de terre végétale ; ce que j'ai surtout remarqué dans les environs de Villemington, C. N., dont le sol n'offre qu'un sable aride et mouvant, et dont cependant le *Quercus catesbœi* couvre presque exclusivement la surface, plusieurs milles à la ronde. C'est aussi le seul arbre qui soit le plus commun dans les landes américaines, *Pines barrens*, composées de *Pins à longues feuilles, Pinus australis* ; et c'est probablement à cause de cela, qu'on lui a donné le nom de *Barrens scrub oak, Chêne chétif des landes.*

Quoique j'aie traversé ces landes dans bien des

directions différentes, je n'ai vu nulle part le *Quercus catesbœi*, réparti plus uniformément parmi les
pins, que dans l'intervalle d'environ 6o milles, compris entre Fayetteville et Willemington. Il y forme à
peu près le dixième des pins, qui eux-mêmes, là,
comme par-tout ailleurs, sont très-disséminés, étant
éloignés de 15 à 20 pieds (6 mètres) les uns des
autres.

Le feuillage de ce Chêne est peu fourni. Ses feuilles, attachées par de courts pétioles et assez grandes,
sont laciniées très-profondément et d'une manière
fort irrégulière. Elles sont lisses, assez épaisses et
même coriaces vers la fin de l'été. Dès que les froids
commencent à se faire sentir, elles deviennent d'un
rouge terne, et elles tombent dans le cours du mois
suivant. Les plus vieux arbres sont les seuls qui
fructifient : encore, ce qu'ils donnent de glands se
réduit - il à quelques poignées ; ces glands sont
assez gros, de couleur noirâtre et couverts en partie
d'une fine poussière de couleur grise, qui se détache
aisément en les frottant entre les doigts. Ils sont
contenus dans des cupules, épaisses, sensiblement
renflées à leur partie supérieure, et remarquables en
ce que les écailles placées vers leur ouverture se re-
plient intérieurement ; caractère particulier à cette
espèce.

Lorsque le *Quercus catesbœi* est privé de ses
feuilles en hiver, il est difficile de le distinguer du
Quercus ferruginea , avec lequel il a beaucoup de
ressemblance par son port ; car, comme lui, il a

le tronc tortueux et branchu, à partir de deux ou trois pieds (1 mètre) au-dessus de terre. Son écorce est également noirâtre, épaisse et profondément crevassée, et les bois de l'une et de l'autre espèce sont aussi entièrement semblables par la couleur, la texture, la grosseur et la pesanteur ; ce qui fait que celui du *Quercus catesbœi* est aussi considéré à Willemington, comme le meilleur bois de chauffage du pays, et qu'à cause de cela il est vendu séparément. Mais, quoiqu'il soit très-commun dans ce canton, il ne suffit pas à l'approvisionnement des habitans , parce qu'on trouve rarement des pieds qui aient plus de la grosseur du bras. La petitesse de son diamètre seroit seule un obstacle à ce qu'on en fît usage dans les arts.

Ce que je viens de dire du *Quercus catesbœi*, fera évanouir les espérances qu'on pouvoit d'abord avoir conçues d'un arbre qui offroit l'avantage inappréciable de croître dans les terrains les plus infertiles : d'ailleurs, je suis presque certain qu'il ne végéteroit que fort imparfaitement dans le Nord de la France, eu égard aux froids qu'on y éprouve en hiver ; et cette presque certitude vient à l'appui de l'opinion où je suis, qu'il ne présente aucune ressource aux Européens.

PLANCHE XX.

Rameau représentant les feuilles et les glands de grandeur naturelle.

QUERCUS *FALCATA.*

SPANISH OAK.

QUERCUS, *foliis longè petiolatis , subpalmato-lobatis ,
subtùs eximiè tomentosis , lobis falcatis : cupulá
crateriformi; glande subglobosá.*

Q. Elongata. WILLD.

LE *Quercus falcata* , de même que le *Quercus
ferruginea*, commence à paroître vers le Nord dans
le New-Jersey, près d'Allenstown, éloignée d'environ 60 milles de Philadelphie; mais, malgré cette
petite distance, il y est moins élevé que dans le
voisinage de cette dernière ville, où déjà il m'a semblé acquérir tout son développement, et où son feuillage se montre aussi sous sa véritable forme. Plus au
Sud, cet arbre fait toujours partie des forêts , et il
est même un de ceux qui entrent en plus grande
proportion dans leur ensemble. J'ai également remarqué qu'il étoit moins commun à l'approche des
montagnes, ainsi que dans les Etats de l'Ouest.

Dans le Maryland, le Delaware et la Virginie,
cette espèce de Chêne est connue sous le seul nom de
Spanish oak, Chêne d'Espagne, tandis que, dans les
deux Carolines et la Géorgie, elle est désignée sous
celui de *Red oak* , Chêne rouge. Dans un ouvrage
anglais assez ancien , que j'ai trouvé dans la bibliothèque de la ville de Charleston, S. C. , il est dit
que la dénomination de *Spanish oak*, Chêne d'Espagne, lui avoit été donnée par les premiers colons,

Spanish Oak.
Quercus falcata.

Bosca del.

Gabriel sc.

à cause de la ressemblance qu'ils avoient cru voir entre ses feuilles et celles du *Quercus velani*, qui croît en Espagne. Que cette étymologie soit vraie ou fausse, c'est ce que j'ignore ; mais elle est inconnue à tous les habitans qui désignent cet arbre sous cette dénomination; car aucun de ceux que j'ai consultés n'a pu m'en donner la raison, et moi-même je ne pouvois m'en rendre compte avant que d'avoir eu connoissance de cet ouvrage. Quant au nom de *Red oak*, Chêne rouge, qu'il porte seulement dans les Etats du Sud, il lui a été probablement donné à cause de la grande analogie qui existe entre son bois et celui de l'espèce désignée sous ce même nom dans les Etats du Nord et du milieu, où il est beaucoup plus rare que dans ceux du Midi.

Le *Quercus falcata* est un fort grand arbre, qui parvient à plus de 80 pieds (27 mètres) d'élévation, sur 4 à 5 pieds (1 à 2 mètres) de diamètre. Dans quelques circonstances, ses feuilles se présentent sous des formes très - différentes. Ainsi, dans le New-Jersey, où il ne s'élève qu'à 30 pieds (10 m.) sur 4 à 5 pouces de diamètre (14 cent.), elles sont seulement trilobées, et non falquées comme dans les grands individus qu'on voit plus au Sud ; ou du moins, celles qui ont ce dernier caractère, sont en très-petit nombre, et placées à l'extrême sommet des arbres. Dans les jeunes plants, elles présentent également la même configuration, ainsi que sur les branches inférieures des arbres les plus vigoureux qui croissent dans des lieux très - frais et très-ombragés, tandis que celles qui sont à la partie la plus élevée sont plus étroitement laciniées, et elles ont leurs lobes encore plus arqués que les feuilles représentées dans la figure que je donne. C'est cette différence aussi remarquable qui a induit mon père en erreur, et qui lui a fait décrire, sous le nom de *Quercus triloba*, les individus dont le feuillage n'avoit point encore acquis sa véritable forme. Quelquefois aussi, les feuilles du *Quercus falcata* ne sont, dans les rejetons des arbres coupés, ni trilobées, ni falquées; elles sont découpées ou dentées très-profondément à angles droits : mais elles ont toujours pour caractère constant d'être très-veloutées en-dessous, ainsi que les jeunes pousses auxquelles elles sont attachées.

Les glands du *Quercus falcata*, contenus dans des cupules légèrement écailleuses et peu profondes, sont petits, arrondis, de couleur brune, et supportés sur des pédicules d'environ 1 à 2 lignes de longueur. Les glands ressemblent assez à ceux du *Quercus banisteri*, et ils conservent de même assez long-temps leur faculté germinative.

Le tronc du *Quercus falcata* est revêtu d'une écorce noirâtre, profondément crevassée, et dont le tissu cellulaire est moyennement épais. Le bois en est rougeâtre, le grain grossier, et les pores sont entièrement vides. Il a toutes les propriétés et tous les défauts des Chênes qui, dans les Etats - Unis, fournissent au commerce le bois, dit de Chêne rouge. C'est à cause de cela qu'il n'est propre, comme ce dernier, qu'à être débité en merrain, pour les tonneaux destinés

uniquement à contenir des mélasses, des salaisons et
des marchandises sèches. On m'a cependant assuré
que, dans les colonies des Indes occidentales, on esti-
moit davantage le merrain de Chêne rouge qui y est
importé de Savanah et des autres ports des Etats méridionaux, où le *Quercus falcata* est très-commun ;
ce qui porte à croire que son bois est d'un meilleur
usage que celui que fournissent les *Quercus rubra*,
Quercus coccinea et *Quercus tinctoria*, qui donnent
presque à eux seuls tout le merrain de cette qualité
exporté des Etats du Nord, et qui y sont beaucoup
plus multipliés que dans le Midi des Etats-Unis. Néanmoins, cette supériorité n'est pas bien marquée, puisqu'on ne paie pas, dans les colonies, le merrain qui
vient de Savanah, à un prix plus élevé.

Dans les endroits où le *Quercus falcata* est très-
abondant, son bois est bien moins estimé, à cause de
son peu de durée, que celui du Chêne blanc, du Chêne
à poteaux, et des autres espèces à fructification annuelle ;
ce qui fait qu'on ne l'emploie presque jamais dans aucun
genre de construction, soit civile, soit maritime. On s'en
sert seulement à Baltimore comme bois de charronnage,
l'on en fait les jantes des roues des grosses voitures,
parce qu'il a, dit-on, pour cet usage, plus de force que
le Chêne blanc, et qu'il n'est pas aussi sujet à se fendre.

La principale propriété du *Quercus falcata*, celle
qui lui assure la supériorité sur la plupart des autres
espèces de Chênes des Etats-Unis, paroîtroit résider
seulement dans son écorce, qui, à Philadelphie, à
Baltimore, et dans les autres villes situées plus au Sud,

est reconnue très-préférable à celle des autres Chênes rouges, pour le tannage des gros cuirs. Préparés avec cette écorce, ils ont plus de blancheur et de souplesse; et leur qualité s'améliore encore, dit-on, si on y ajoute une certaine quantité de celle de Hemlock spruce, *Abies canadensis.* C'est pour cela qu'à Philadelphie, à Willemington et à Baltimore, l'écorce du *Quercus falcata* se vend environ 25 pour 100 plus cher, que celle des autres espèces de Chênes.

Le *Quercus falcata* supporte très-bien les froids du milieu de la France, à en juger par le grand nombre d'individus qu'on voit dans les pépinières des environs de Paris et dans les jardins des amateurs de cultures étrangères; mais les plants qui proviennent des envois que j'ai faits pendant mes voyages aux Etat-Unis, n'ont encore que les feuilles trilobées; elles ne sont point falquées comme elles le deviendront par la suite.

Le *Quercus falcata* renferme - t - il des qualités assez marquées pour mériter d'être introduit dans les forêts européennes? Je ne le pense pas, 1°. parce que son bois, quoique un peu meilleur que celui de plusieurs espèces de Chênes, dits Chênes rouges dans les Etats-Unis, est fort inférieur à celui de tous ceux à fructification annuelle, qui eux-mêmes le cèdent à notre *Quercus pedunculata.* 2°. Parce que, quand bien même son écorce égaleroit en bonté celle de l'espèce européenne, ce qui n'est pas encore certain, son bois lui est fort inférieur en qualités.

Si dans les Etats du Midi, ainsi que dans la Virginie

et même le Maryland, on vient dans la suite des temps
à favoriser la croissance de certaines espèces d'arbres
aux dépens de plusieurs autres qui offrent moins de
ressources à la société, on pourra, parmi les Chênes
rouges qui s'y trouvent, se restreindre au *Quercus
falcata*, parce que, outre les avantages qu'il possède
sur ceux-ci, il a celui de croître assez bien dans des
terreins de médiocre qualité, tels qu'il s'en trouve beaucoup dans cette partie des Etats-Unis.

PLANCHE XXI.

Rameau représentant les feuilles et le fruit de grandeur naturelle.

QUERCUS *TINCTORIA.*

BLACK OAK.

Quercus, foliis profundè sinuosïs, subtùs pulverulentis : cupulá turbinatá, squamosá; glande brevi ovatá.

A l'exception du district de Maine, de la partie septentrionale du New-Hampshire, de l'Etat de Vermont et du Génessée, on trouve cette espèce de Chêne dans tout le reste des Etats-Unis, tant à l'Est qu'à l'Ouest des monts Alléghanys, avec cette différence cependant, qu'elle est beaucoup plus abondante dans les Etats du centre, dans la Haute-Caroline et la Haute-Géorgie, que dans le bas de ces mêmes Etats. Partout où vient cet arbre, il est désigné sous le seul nom de *Black oak, Chêne noir.*

Le Chêne noir ne paroît pas demander, pour pousser vigoureusement, un aussi bon terrein que le Chêne blanc ; car dans le Maryland et dans une partie de la Virginie, où le sol est fréquemment maigre, graveleux et inégal, il concourt toujours avec le *Quercus coccinea,* le *Quercus falcata,* le *Quercus obtusiloba* et le *Juglans tomentosa,* à former la masse des forêts ; et il est un des arbres les plus élevés, à l'exception du Pin jaune, qui souvent est mêlé avec ces mêmes espèces.

Le *Quercus tinctoria* est un des plus grand arbres de l'Amérique du Nord, cár il acquiert de 80 à 90

Black Oak.

Quercus tinctoria.

pieds (27 à 30 mètres) d'élévation sur 4 à 5 pieds (1 à 2 mèt.) de diamètre. Ses feuilles, assez grandes, partagées en 4 ou 5 lobes, sont laciniées assez profondément, avec des échancrures ou sinus, moins profonds et plus ouverts que ceux des feuilles du *Quercus coccinea*, avec lesquelles elles ont beaucoup de ressemblance; mais elles en diffèrent, en ce qu'elles sont moins luisantes, d'un vert plus mat, et encore parce qu'au printemps, et pendant une partie de l'été, leur surface inférieure, et les jeunes pousses, sont légèrement rugueuses ou couvertes d'un grand nombre de petites glandes, très-sensibles à la vue et au toucher. J'ai encore remarqué que, dans les jeunes plants, les feuilles devenoient, en automne, d'un rouge terne; mais que, dans les vieux arbres, elles jaunissoient, et que cette teinte jaune commençoit à se manifester dans le pétiole.

Le tronc du *Quercus tinctoria* est revêtu d'une écorce assez profondément crevassée, moyennement épaisse, et constamment de couleur noire, ou du moins d'une teinte très-rembrunie, d'où lui est venu probablement le nom de *Chêne noir*. Cette couleur très-prononcée de son écorce est, dans tous les Etats au Nord-Est de la Pensylvanie, le seul caractère auquel on puisse, en hiver, le distinguer des *Quercus rubra*, *Q. coccinea* et *Q. ambigua*, et même en été, lorsqu'on ne peut se procurer des feuilles pour les comparer les unes avec les autres. Plus au Midi, ce seul caractère ne suffit pas pour le reconnoître d'avec le *Quercus*

falcata, dont l'écorce est aussi de la même couleur ;
il faut absolument alors examiner les bourgeons, qui
sont plus longs, plus acuminés et plus écailleux dans
le *Quercus tinctoria* : toute espèce de doute sera encore levée, si on vient à mâcher une parcelle du tissu
cellulaire de l'écorce de l'une et l'autre espèce ; celle
provenant de l'espèce que je décris est très-amère,
et donnera une teinte jaunâtre à la salive, ce qui
n'aura pas lieu avec l'autre.

Le bois du *Quercus tinctoria* est rougeâtre , le
grain en est grossier, et les pores en sont entièrement vides ; c'est néanmoins de tous les Chênes à
fructification bisannuelle (le Chêne vert excepté), celui
dont le bois est le plus estimé, parce qu'il a plus de
force et qu'il résiste plus long-temps à la pourriture ; c'est à cause de cela qu'à Philadelphie on l'emploie au défaut de Chêne blanc dans la bâtisse des
maisons, et que, dans les Etats du Nord, les fermiers
qui , par une économie mal entendue, ne veulent pas
se servir de pieux de Chêne blanc pour enclore leurs
champs, emploient ceux de Chêne noir, qui coûtent
moitié moins.

Le Chêne noir étant très-abondant dans les Etats
du Nord et du centre, il fournit une grande proportion du merrain, dit de Chêne rouge, qui est exporté
dans les colonies ou employé dans le pays pour les
barriques destinées seulement à contenir des farines ,
des salaisons ou de la mélasse.

On se sert beaucoup de l'écorce du *Quercus tinc-*

toria pour le tannage des cuirs, parce qu'elle est très-facile à se procurer et qu'elle est très-riche en principe tannin; le seul désavantage qu'elle présente, c'est de donner aux cuirs une couleur jaune, qu'on est obligé de faire disparoître par un procédé particulier; car, sans cela, les bas s'en trouvent fortement imprégnés. C'est donc par erreur qu'on a avancé, que cette teinte qu'elle communique aux cuirs, en augmentoit le prix.

C'est la partie cellulaire de l'écorce de cette espèce de Chêne qui fournit le Quercitron, dont on fait actuellement un très-grand usage pour teindre en jaune la laine, la soie et les papiers à tenture. D'après les auteurs qui en ont parlé, entr'autres le docteur Bancroft, à qui on est redevable de cette découverte, une partie du Quercitron donne autant de snbstance colorante que 8 ou 10 parties de gaude. La décoction du Quercitron est d'une couleur jaune-brunâtre; les alcalis la rendent plus foncée, et les acides plus claire : la solution d'alun n'en sépare qu'une petite portion de matière colorante, qui forme un précipité d'un jaune foncé. Les dissolutions d'étain y produisent un précipité plus abondant et d'un jaune vif.

Pour teindre la laine en jaune, il suffit de faire bouillir le Quercitron avec son poids d'alun; on introduit ensuite l'étoffe, en donnant d'abord la nuance la plus foncée, et en finissant par la couleur paille. On peut aviver ces couleurs en faisant passer l'étoffe, au sortir du bain, dans une eau blanchie par un peu de craie lavée. On obtient une couleur plus vive par le moyen de la dissolution d'étain. Le Quercitron peut être substitué à la gaude pour les différentes nuances qu'on veut donner à la soie, qui doit être d'abord alunée. La dôse est d'une à deux parties de Quercitron pour douze parties de soie. Il résulte des essais faits sur le Quercitron, que cette substance est très - utile en teinture, et qu'elle a l'avantage d'être à très-bon marché. Dans les prix courans de Philadelphie du mois de février 1808, le Quercitron est coté à raison de 40 dollars le tonneau, ou environ 10 francs le quintal. C'est principalement de cette ville que le Quercitron s'exporte en Europe.

Quoique le bois du *Quercus tinctoria* soit de meilleure qualité que celui des *Quercus coccinea*, *Quercus falcata*, *Quercus rubra*, *Quercus palustris*, *Quercus ambigua*, *Quercus phellos*, *Quercus aquatica*, connus sous le nom de Chênes rouges, il est néanmoins très - inférieur à celui que fournit le Chêne d'Europe. Mais la haute élévation à laquelle il parvient; la facilité avec laquelle il prend un grand et prompt accroissement, même dans un mauvais sol et dans les pays les plus froids; la propriété précieuse de son écorce pour la teinture; tous ces titres doivent le recommander auprès des forestiers européens. Ce sont ces considérations qui, pendant mon séjour dans l'Amérique septentrionale, m'ont déterminé à envoyer en France beaucoup de glands de cette espèce : il en existe actuellement, dans les

pépinières de l'administration impériale des eaux et
forêts, plus de vingt mille jeunes plants, dont la brillante végétation peut faire considérer sa propagation
dans les forêts de l'Empire comme certaine.

PLANCHE XXII.

Rameau représentant les feuilles et le fruit de grandeur naturelle.

QUERCUS *COCCINEA.*

SCARLET OAK.

QUERCUS, *foliis longè petiolatis, oblongis, profundè sinuatis, glabris; lobis dentatis, acutis: cupulá insigniter squamosá; glande brevi ovatá.*

CETTE espèce de Chêne commence, vers le Nord, à se trouver dans les environs de Boston, Etat de Massachusset; mais elle y est moins multipliée que dans le New-Jersey, la Pensylvanie, la Virginie, les Hautes-Carolines et la Haute-Géorgie, où elle concourt à former la masse des forêts qui y existent encore. Elle est beaucoup moins commune dans la partie basse de ces derniers Etats; car, comme je l'ai dit autre part, la très-grande partie du sol de ces contrées n'est susceptible de produire que des Pins. Je n'ai point remarqué cet arbre dans le district de Maine, dans le New-Hampshire, l'Etat de Vermont, et dans le Génessée, au-delà d'Utica. Partout où je viens d'indiquer que le *Quercus coccinea* se trouve dans les Etats - Unis, il est confondu soit avec le vrai Chêne rouge, ou avec le vrai Chêne d'Espagne, *Quercus falcata;* ce qui fait que, dans les Etats du Nord, il est connu des habitans sous le nom de Chêne rouge; et dans ceux du milieu et du Sud, à partir de Philadelphie, sous celui de Chêne d'Espagne.

La dénomination de *Scarlet oak,* Chêne écarlate, qui lui a été donnée par mon père, et qui lui est très-con-

Scarlet Oak.
Quercus coccinea.

venable, est jusqu'à présent étrangère aux habitans des divers endroits où il croît ; mais il est à présumer qu'ils finiront par l'adopter ; car cette espèce, étant absolument distincte de celle avec laquelle elle a été confondue, doit nécessairement porter un nom particulier.

Le *Quercus coccinea* est un très-grand arbre qui parvient à plus de 80 pieds (27 mètres) d'élévation et à 3 ou 4 pieds (1 mètre) de diamètre. Les feuilles, supportées sur de longs pétioles et d'une belle couleur verte, sont assez grandes, lisses, luisantes en-dessus et en-dessous, et laciniées d'une manière très-remarquables : elles présentent le plus souvent quatre sinus arrondis, très-profonds et très-larges à leur base. Dès les premiers froids, le feuillage de cet arbre commence à s'altérer ; et, après quelques gelées, les feuilles deviennent d'un rouge assez vif, et non d'une teinte terne comme le vrai *Quercus rubra*. A cette époque de l'année, cette singulière altération de son feuillage forme un contraste très-frappant avec celui des autres arbres, et cette seule propriété devroit engager à le planter, pour contribuer à l'embellissement des parcs et jardins d'une grande étendue.

Les glands, contenus jusqu'à la moitié dans une cupule sensiblement écailleuse, sont assez gros, un peu alongés et arrondis également à leurs deux extrémités. Comme la grosseur de la cupule et du gland varie assez, eu égard à la nature du sol où croît l'arbre qui les produit, il est fort difficile de les distinguer extérieurement d'avec ceux du *Quercus tinctoria*. Le seul caractère qui les discerne, est dans la couleur de la chair, qui est blanche dans les glands du *Quercus coccinea*, et jaunâtre dans ceux de l'autre espèce.

Le bois du *Quercus coccinea* est rougeâtre, d'une texture très-grossière, et ses pores sont entièrement vides. Comme il pourrit beaucoup plus vite que celui du Chêne blanc, on s'en sert le moins que l'on peut dans la bâtisse des maisons, ainsi que dans le charronage, et on ne l'emploie qu'au défaut de ce dernier ou par esprit d'économie. Il est également peu estimé comme bois de chauffage. Son principal usage dans les Etats du Nord et du milieu, consiste en merrain, dit de Chêne rouge; et comme cet arbre est très-abondant dans les Etats du milieu, il doit fournir une bonne partie de celui de cette espèce que l'on consomme dans le pays, ou que l'on exporte aux colonies des Indes occidentales.

L'écorce du *Quercus coccinea* est très-épaisse; on l'emploie généralement pour le tannage des cuirs; mais elle n'est, en aucune manière, préférable à celle de plusieurs autres espèces de Chênes que je décrirai ci-après, et dont l'écorce est aussi épaisse et aussi riche en principe tannin.

Cet arbre vient très-bien en France; on en a un exemple dans une plantation très-belle, formée d'arbres de plus de 45 pieds (15 mètres), qui fut faite à Rambouillet en 1786, à la suite des envois que fit mon père, peu après son arrivée dans les Etats-Unis. Il est réellement fâcheux qu'un aussi beau et aussi grand arbre, qui prospère sur notre sol, ne donne qu'un bois d'une qualité assez médiocre. C'est pourquoi je ne

puis ni recommander son introduction dans les forêts
européennes, ni même engager les Américains à le
ménager de préférence à d'autres espèces plus utiles.

PLANCHE XXIII.

Rameau représentant les feuilles et les glands de grandeur naturelle.

QUERCUS *AMBIGUA.*

GREY OAK.

QUERCUS, *foliis sinuatis , glabris , sinubus subacutis :
cupulá subscutellatá ; glande turgidè ovatá.*

DE toutes les espèces de Chênes de l'Amérique
septentrionale , c'est celle qui croît le plus avant vers
le Nord. C'est du moins le résultat des remarques de
mon père , qui , à son retour de la baie d'Hudson ,
en vit les premiers individus sur les rives du fleuve
St. Laurent , entre Québec et la Malebaie, latitude 47°.
50′. Mais sous cette latitude , ainsi qu'aux environs
d'Halifax , Nouvelle-Ecosse, où je l'ai observé de mon
côté pour la première fois, cet arbre ne parvient pas
à plus de 40 pieds (13 mètres) d'élévation; les hivers y
sont tellement rigoureux et les froids se font sentir de
si bonne heure sur l'arrière-saison, que , bien qu'il
fleurisse tous les ans, ses glands, au rapport des habitans , ne parviennent à leur complète maturité que
tous les trois ou quatre ans. Trois degrés seulement
plus au Sud , cet arbre est déjà beaucoup plus multiplié , comme j'ai eu occasion de le remarquer dans le
district de Maine, dans le New-Hampshire , et sur la
rive orientale du lac Champlain , dans l'Etat de Vermont. Dans ces diverses parties des Etats-Unis , il
s'élève à 50 et 60 pieds (16 à 20 mètres) sur 18 pouces
(50 centimètres) de diamètre, et il est connu des habi-

Gray Oak.

Quercus ambigua.

tans sous le nom de *Grey oak, Chéne gris.* Comme il a beaucoup d'analogie, par son feuillage, avec le vrai Chêne rouge (avec lequel il a été jusqu'ici confondu par les botanistes), et par ses glands avec le *Quercus coccinea,* j'ai pensé que le nom spécifique latin d'*Ambigua* étoit assez convenable pour indiquer cette analogie avec les deux espèces.

Les feuilles du *Quercus ambigua* sont assez grandes, lisses en-dessus et en-dessous, et découpées profondément à angles droits. Ses glands, contenus dans une cupule écailleuse, sont de moyenne grosseur, et arrondis à leur partie supérieure.

Le bois du *Quercus ambigua* offre absolument la même texture que celui des autres espèces de Chênes, dit Chênes rouges; le grain en est grossier, et les pores en sont entièrement vides, ce qui ne le rend propre qu'à faire des caisses ou des tonneaux destinés à contenir des marchandises sèches. Mais dans les contrées où il croît, le bois de Chêne étant assez rare, on recherche ceux des espèces les plus médiocres, et qui sont les moins appréciées dans les pays situés plus au Midi, et on les préfère à ceux de bouleau, de hêtre, de pin, etc. C'est pour cela que, dans ces contrées, on emploie le bois de Chêne gris pour genoux dans la construction des vaisseaux et pour le charronage; on le regarde même comme bien supérieur, pour ces usages, à celui du vrai Chêne rouge, parce qu'il est plus fort et plus durable.

Tels sont les renseignemens que j'ai été à même de recueillir sur cette espèce de Chêne, tant à Halifax que dans le district de Maine. Elle rentre donc dans la classe de celles qui, sous le rapport de leur utilité, ne peuvent intéresser ni les Européens, ni même les habitans des contrées où elle croît, parceque ces contrées produisent des espèces bien préférables, comme le *Quercus alba*, le *Quercus discolor* et le *Quercus prinus monticola*.

PLANCHE XXIV.

Rameau représentant les feuilles et le fruit de grandeur naturelle.

Pin Oak.

Quercus palustris.

QUERCUS *PALUSTRIS.*

PINE OAK.

Quercus, *foliis profundè sinuatis, glabris , sinubus latis; fructu parvo ; cupulá scutellatá , levi ; glande sub-globosá.*

Cette espèce de Chêne, comme celle précédemment décrite, commence à paroître, vers le Nord-Est, dans l'Etat de Massachussett ; mais elle y est moins multipliée que dans les environs de New-York, dans le New-Jersey, la Pensylvanie et le Maryland. J'ai encore trouvé le *Quercus palustris* au-delà des monts Alleghanys, près de Pittsburgh , sur l'Ohio, ainsi que dans l'Est Génessée. Mon père, de son côté, l'a vu fort abondant dans le pays des Illinois. Le district de Maine, l'Etat de Vermont et les Etats méridionaux sont, au contraire, les parties des Etats-Unis où je pourrois presque assurer que cet arbre n'existe pas.

Dans le bas de l'Etat de New-York, dans le New-Jersey, et probablement aussi dans le Connecticut, cette espèce de Chêne est connue sous le seul nom de *Pine oak*, Chêne à épingles ou à chevilles; mais dans la Pensylvanie, le Delaware et le Maryland, elle est désignée sous celui de *Swamp Spanish oak*, Chêne d'Espagne des marais. Quoique cette dernière dénomination lui convienne assez bien , eu égard aux localités dans lesquelles elle croît et à la grande analogie qu'elle a dans son feuillage avec le Chêne écarlate, néanmoins, j'ai préféré la première pour éviter toute méprise; et, en second lieu, parce qu'elle ma semblé se rattacher à un caractère pris dans l'arrangement naturel de ses branches.

Le *Quercus palustris* est un très-grand arbre qui croît constamment dans les·lieux humides, et de préférence autour des mares qui sont enclavées dans les forêts. Dans de pareilles situations, sa hauteur excède souvent 70 à 80 pieds (23 à 27 mètres) sur 3 à 4 pieds (1 mètre) de diamètre. Ce qu'il y a de fort remarquable dans ce Chêne, c'est que ses branches secondaires sont beaucoup plus menues et beaucoup plus nombreuses que ne paroîtroient devoir l'être celles d'un arbre qui a d'aussi fortes dimensions. De plus, elles sont comme mêlées entr'elles; ce qui fait que, dans l'éloignement, elles lui donnent une apparence fourrée. C'est peut-être à cause de cette disposition assez singulière, que le nom de Chêne à épingles lui a été donné. Du reste, elle le fait reconnoître en hiver au premier abord, lorsqu'il est privé de son feuillage.

Les feuilles du *Quercus palustris*, lisses en-dessus et en-dessous, et d'un vert agréable, sont supportées par de longs pétioles, laciniées très-profondément, et fort semblables à celles du *Quercus coccinea*, dont elles diffèrent principalement, en ce qu'elles sont toujours plus petites dans toutes leurs proportions. Ses glands, petits et arrondis, sont contenus dans une cupule très-évasée, peu profonde, et dont les écailles sont étroitement appliquées les unes sur les autres.

L'écorce qui couvre le tronc, même dans les plus

vieux arbres, est à peine fendillée, et composée presque entièrement d'un tissu cellulaire très-épais. Le bois est rougeâtre, d'une texture très-grossière, et les pores en sont entièrement vides et d'une capacité même plus grande que ceux du *Quercus coccinea* et du *Quercus rubra*. Comme celui de ces deux espèces, il est très-peu estimé sous le rapport de la durée, quoique cependant on lui ait reconnu plus de force et de ténacité ; voilà pourquoi on s'en sert depuis quelque temps pour faire des arbres de moulins, lorsqu'on ne peut se procurer des Chênes blancs d'assez fortes dimensions. On le débite aussi quelquefois en merrain, dit de Chêne rouge ; mais cela arrive rarement, car cet arbre est très-peu abondant, comparativement au Chêne écarlate, au Chêne rouge et au Chêne noir.

Le *Quercus palustris*, dans sa jeunesse, affecte naturellement une forme pyramidale, qui lui donne un aspect fort agréable, à quoi contribue pour beaucoup son feuillage élégant et léger ; ce qui doit lui mériter une place distinguée dans les parcs et jardins d'une certaine étendue : il conviendra, dans tous les cas, de ne jamais le priver de ses branches intérieures. Le plus bel individu de cette espèce que je connoisse en France, se trouve dans le jardin d'un amateur, situé à trois lieues d'Anvers ; il avoit environ 20 pieds (7 mètres) de haut, en 1804, et sa végétation brillante et vigoureuse indiquoit assez que le sol et le climat lui sont très-favorables.

PLANCHE XXV.

Rameau représentant les feuilles et le fruit de grandeur naturelle.

QUERCUS *RUBRA.*

RED OAK.

Quercus, *foliis longè petiolatis , glabris , obtusè sinuatis ;
cupulá scutellatá , sublœvi ; glande subovatá.*

Cette espèce est, après le Chêne gris, celle qui se trouve
le plus avant vers le nord, car elle est une des plus communes dans les Etats septentrionaux , ainsi qu'en
Canada. Plus au Midi, et notamment dans le bas de l'Etat
de New-York, dans le New-Jersey, la Haute-Pensyl-
vanie , et sur toute la chaîne des monts Alléghanys , le
Chêne rouge vient à-peu-près en égale proportion dans
les forêts avec le Chêne écarlate et le Chêne noir ;
mais il est beaucoup plus rare dans le Maryland , dans
la Basse-Virginie , et dans la partie maritime des Carolines et de la Géorgie. Cette remarque m'a confirmé
dans les observations que j'avois déjà faites, que cet
arbre n'acquéroit jamais son plus grand développement que dans les climats froids , et où le sol est d'une
assez bonne qualité. Partout où il se trouve, il est
connu des habitans sous la seule dénomination de
Chêne rouge, bien que quelquefois, dans la Pensylvanie, aux environs de Lancaster , il soit confondu
avec le *Quercus falcata* dont on lui donne le nom.

Le *Quercus rubra* est un fort grand arbre, dont la
cime embrasse beaucoup d'espace , et dont la hauteur
excède fréquemment 80 pieds (27 mètres) sur 3 à 4
pieds (1 mètre) de diamètre. Ses feuilles, lisses et lui-

Red Oak.

Quercus rubra

santes à leur surface supérieure et inférieure, sont assez grandes, profondément découpées et arróndies à leur base. Dans les jeunes arbres, les feuilles sont beaucoup plus larges que dans les vieux; les découpures en sont plus profondes, plus étroites et plus droites que dans celles qui sont prises sur les branches du milieu de l'arbre ou sur son sommet. Ces dernières ressemblent assez aux feuilles du *Quercus falcata*; mais elles sont bien reconnoissables, parce que celles-ci sont toujours très-sensiblement veloutées à leur partie inférieure, au lieu que celles du *Quercus rubra* sont parfaitement glabres. En automne, elles deviennent d'un rouge terne, et finissent par jaunir et tomber.

Les glands du *Quercus rubra* sont fort abondans, très-gros, arrondis seulement à leur sommet et déprimés à leur base; ils sont contenus dans une cupule très-plate, et dont les écailles sont petites et étroitement appliquées les unes sur les autres. De même que ceux des autres espèces de Chênes, ils sont fort recherchés en automne, tant par les animaux sauvages que par les chevaux, les vaches et les cochons que les habitans ont la mauvaise coutume de laisser trop long-temps paître dans les bois, dans cette saison où le froid a déjà flétri les herbes et les plantes qui leur servent de nourriture.

Le bois du *Quercus rubra* est rougeâtre, son grain est d'une texture grossière, et ses pores entièrement vides, présentent souvent assez de capacité pour laisser passer un cheveu. Il est reconnu pour avoir de la force, mais aussi comme susceptible de pourrir promptement. Aussi, c'est de tous les Chênes celui dont le bois est le dernier employé dans toute espèce de constructions. Le meilleur parti qu'on en tire, est de fournir abondamment à la fabrication du merrain de *Chêne rouge*, dont on fait des barriques pour le transport des salaisons, des farines, des légumes et autres marchandises sèches, et qui est exporté aux colonies, où on s'en sert pour mettre des sucres et surtout des mélasses.

L'écorce du *Quercus rubra* est composée d'un épiderme très-mince et d'un tissu cellulaire très-épais. On en fait un grand usage pour le tannage des cuirs, mais le tan qu'on en tire est moins estimé que celui du *Quercus falcata*, du *Quercus tinctoria* et du *Quercus prinus monticola*. Je parlerai plus au long de chacune de ces écorces, et de celles des autres arbres dont on se sert pour cet usage dans les Etats-Unis, dans le résumé qui terminera cet ouvrage.

Le *Quercus rubra* est un des arbres de l'Amérique les plus anciennement introduits en France. Il en existe, dans les propriétés de feu M. Duhamel du Monceau, de très-forts individus qui donnent abondamment des fruits, et qui même se reproduisent naturellement ; mais son bois est d'une qualité si médiocre, que je ne puis en recommander la multiplication dans nos forêts.

PLANCHE XXVI.

Rameau représentant les feuilles et le fruit de grandeur naturelle.

LES BOULEAUX.

Les parties les plus septentrionales de l'ancien et du nouveau Continent peuvent être considérées comme la patrie des Bouleaux, si l'on en juge par les espèces nombreuses qui s'y trouvent, et dont le nombre diminue à mesure qu'on s'en éloigne. Ces arbres sont d'un grand intérêt pour les habitans de ces contrées, qui, par la rigueur du climat, sont privés de la plupart des autres grands végétaux qui existent dans les régions tempérées ; aussi savent-ils en tirer parti d'une manière merveilleuse pour les besoins de la vie. Ils se servent du bois pour bâtir les maisons, pour construire les navires, pour le charronage et l'ébénisterie. Avec l'écorce, qui est presque incorruptible, ils font des pirogues, des boîtes, des paniers, et ils s'en servent pour clore plus exactement les toits de leurs habitations : avec les feuilles, ils teignent leurs filets, et de la séve ils tirent une boisson douce et sucrée.

D'après les recherches des botanistes, il résulte que le Nord des États-Unis possède une aussi grande variété de Bouleaux que l'Europe ; et, selon mes propres observations, si l'on compare les propriétés du bois des uns et des autres, on trouvera que l'avantage est tout en faveur des espèces américaines. Ainsi, le Bouleau à canot égale en bonté le Bouleau blanc qui croît en Suède et en Russie ; le Bouleau

mérisier et le Bouleau jaune sont encore très-préférables à cette dernière espèce, par la force et la
beauté de leur bois, ainsi que l'attestent les usages
auxquels ils sont employés, tant au Canada que dans
les États du Nord et du centre des États-Unis.

Des sept espèces de Bouleaux trouvées jusqu'ici
dans l'Amérique septentrionale, cinq sont des arbres
qui acquièrent une très-grande élévation, et les deux
autres ne sont, au contraire, que des arbrisseaux;
ce qui fait que je m'abstiendrai d'en parler.

J'ai cru trouver, dans la forme et la disposition
droite ou inclinée des chatons de ces diverses espèces, une ligne de démarcation assez saillante pour
pouvoir en former deux sections, en rapprochant
celles qui ont le plus d'affinité entre elles. Ainsi, dans
la première section, se trouveront placés le *Betula
papyracea* et le *Betula populifolia*, dans lesquels les
chatons sont longs, flexibles et pendans; et dans la
deuxième, les *Betula rubra*, *Betula lenta* et *Betula
lutea*, chez lesquels ils sont, au contraire, courts et
droits.

J'ai été conduit à cette distinction plutôt par les
apparences extérieures que par l'examen physiologi-
que des parties sexuelles de ces espèces, comparées
minutieusement entre elles. Je laisse donc aux botanistes consommés à examiner si cette divison mérite
d'être adoptée.

DISPOSITION MÉTHODIQUE

DES BOULEAUX

DE L'AMÉRIQUE SEPTENTRIONALE.

Monoecie Polyandrie, Lin. *Famille des Amentacées*, Juss.

I.re SECTION.

CHATONS FEMELLES PÉDICULÉS ET PENDANS.

1. Betula papyracea.. . . *Canoe birch.*
2. Betula populifolia. . . *White birch.*

II.e SECTION.

CHATONS FEMELLES SESSILES ET DROITS.

3. Betula rubra. . . . . *Red birch.*
4. Betula lenta.. . . . . *Black birch.*
5. Betula lutea., ... *Yellow birch.*

Canoe Birch.

Betula papyracea.

BETULA *PAPYRACEA.*

BETULA, *foliis ovalibus acuminatis, subæqualiter serratis : petiolo glabro ; venis subtùs hirsutis.*
B. papyrifera. A. MICH., Fl. b. Amer.

LES Français Canadiens donnent à cet arbre le
nom de *Bouleau blanc* et de *Bouleau à canot* ; les
Américains le connoissent sous les mêmes dénominations, et quelquefois encore sous celle de *Bouleau
à papier.* Le nom de Bouleau à canot m'a semblé
le plus convenable, parce qu'il indique un des usages
les plus importans de son écorce.

Toutes les contrées situées au-delà du 43°. degré
de latitude, et comprises entre le 75° o. de longi-
tude et la mer, savoir : le Bas-Canada, la Nouvelle-
Brunswick, la Nouvelle-Écosse, qui appartiennent
à l'Angleterre ; le district de Maine, et les États de
New-Hampshire et de Vermont dépendans des États-
Unis, sont les parties de l'Amérique septentrionale
où le *Betula papyracea* est le plus multiplié dans
les forêts ; mais il cesse de croître dans les contrées
qui sont au Sud du 43° o, et on ne le voit déjà
plus dans la partie inférieure du Connecticut et
dans l'État de New-York, au-dessous d'Albany.

Tous ces pays offrent assez généralement une surface fort inégale, entrecoupée en tout sens de collines et de lacs, occupée par d'épaisses et ténébreuses
forêts, dont le sol, assez fertile, est couvert, en grande

partie, de grosses pierres, qu'un lit épais de mousse dérobe à la vue : toutes ces contrées ressemblent beaucoup à la Suède et à la partie orientale de la Prusse, soit par l'aspect et la configuration du sol, soit par la rigueur des froids qu'on y éprouve, quoiqu'elles soient situées dix degrés plus au Sud.

C'est sur le penchant des coteaux et dans le fond des vallons où le terrein est de bonne qualité, que le *Betula papyracea* parvient à son plus grand développement, qui est d'environ 70 pieds (23 mètres) sur 3 pieds (96 centim.) de diamètre. Ses rameaux sont menus, flexibles, et couverts d'une écorce luisante et de couleur brune, marquée de petits points blancs. Ses feuilles, de moyenne grandeur, de forme ovale et d'un vert assez foncé, sont lisses, inégalement dentées, et supportées sur des pétioles qui n'ont que 4 à 5 lignes (10 millim.) de longueur. Les chatons, longs d'environ 1 pouce ½ (4 centimètres), sont pendans ; les graines sont à maturité vers le 15 juillet.

Le cœur ou le vrai bois de cet arbre, fraîchement débité, est rougeâtre et entouré d'un aubier très-blanc ; le grain en est fin et lustré, et il a de la force ; mais il est peu employé, soit parce qu'il pourrit promptement lorsqu'il est exposé long-tems aux alternatives de la sécheresse et de l'humidité, soit parce que toutes les contrées où il croît, recèlent plusieurs autres espèces de bois qui sont très-préférables pour la menuiserie et le charronage, tels que ceux des arbres résineux, des Erables, du Hêtre, et même

du Bouleau jaune. Cependant, dans le district de
Maine, on s'en sert souvent pour faire des tables,
que l'on peint en couleur d'acajou.

Immédiatement au-dessous des bifurcations des
plus grosses branches de cette espèce de Bouleau, et
seulement dans une longueur de 1 à 2 pieds (32 à
64 centim.), on trouve des accidens magnifiques qui
offrent à l'œil des gerbes ou des panaches; les morceaux
qui les représentent sont divisés en lames très-minces,
que l'on plaque sur l'acajou. Les ébénistes à Boston et
dans toutes les villes situées plus au Nord, s'en servent
souvent pour embellir les meubles qu'ils fabriquent.

Le *Betula papyracea* fournit un fort bon bois de
chauffage; et, comme tel, il est exporté du district
de Maine en assez grande quantité pour la consommation de la ville de Boston.

Le bois de cet arbre est d'un usage assez borné
dans le Nord de l'Amérique; cependant je ne doute
pas qu'il ne soit tout aussi bon que celui du *Betula
alba*, qui croît en Suède et en Norvège, où il rem-
place très-avantageusement, à beaucoup d'égards, le
Chêne, soit pour la menuiserie, soit pour le charronage; et, je le répète, si en Canada et dans le nord
des Etats-Unis, l'espèce dont il est ici question n'est
pas adaptée à des objets de pareille utilité, c'est parce
que les contrées où elle croît en offrent d'autres d'une
qualité supérieure, et qui n'ont pas leurs analogues
dans le nord de l'Europe.

L'écorce du *Betula papyracea,* comme celle du
Betula alba qui croît en Suède, est d'une blancheur

éclatante dans les arbres qui ont moins de 8 à 10 pouces (24 à 30 centim.) de diamètre, et elle est également presque indestructible ; car on rencontre fréquemment dans les forêts des arbres tombés de vétusté depuis bien des années, dont le tronc paroît sain, et dont cependant l'écorce ne couvre qu'une substance friable, et semblable à du terreau. Cette écorce, comme celle de l'espèce européenne, est employée à des usages très-variés ; ainsi, en Canada et dans le district de Maine, les habitans des campagnes s'en servent fréquemment pour clore plus exactement le toit de leurs maisons, en en plaçant de grands morceaux immédiatement au-dessous des bardeaux dont elles sont couvertes. On en fait des paniers, des boîtes, des porte-feuilles que l'on orne quelquefois de broderies en soie de différentes couleurs. Divisée en feuillets très-minces, on peut s'en servir pour écrire. Interposée entre les semelles des souliers, et placée intérieurement dans la forme des chapeaux , elle préserve de l'humidité ; mais son emploi le plus important, et pour lequel l'écorce d'aucune autre espèce d'arbre ne pourroit la remplacer, est dans la construction des pirogues et des canots. Pour se procurer les morceaux d'écorce dont ils sont composés, on choisit les Bouleaux les plus gros et les plus unis, et on y fait au printemps deux incisions circulaires, à plusieurs pieds de distance, et une incision longitudinale de chaque côté ; alors, si on introduit un coin de bois entre le tronc et l'écorce, celle-ci se détache aisément. Ces morceaux ont ordinairement

10 à 12 pieds (3 à 4 mèt.) de long sur 2 pieds 9 pouces
(65 centim.) de large ; pour en construire des canots,
on les joint ensemble, au moyen d'une alêne, avec
les racines fibreuses de l'épinette blanche, *Abies alba,*
qui sont de la grosseur d'une plume à écrire. Mais
avant de s'en servir, on a soin de les fendre en deux, de
les dépouiller de leur écorce, et de les assouplir dans
l'eau. Les coutures sont ensuite enduites et couvertes
avec de la résine du Baumier de Gilead, *Abies balsa-*
mifera. Ces canots, dont les Sauvages et les Français
Canadiens font grand usage dans les longs voyages
qu'ils entreprennent dans l'intérieur des terres, sont
très-légers, et peuvent se transporter sur les épaules
lorsqu'il faut passer d'un lac ou d'une rivière dans
une autre ; c'est ce qu'on appelle faire le portage.
Un canot calculé pour quatre personnes et leur ba-
gage, pèse de quarante à cinquante livres (20 à
25 kil.). On en fabrique qui sont assez grands pour
porter quinze personnes.

Tels sont les services les plus ordinaires qu'on tire,
dans le Nord de l'Amérique, de l'écorce et du bois
du *Betula papyracea.* Mais en Suède et en Russie,
le *Betula alba* en rend encore de plus grands. Ainsi,
les cuirs de Russie, si estimés dans le commerce, sont
préparés avec l'huile empyreumatique qu'on a extraite
du Bouleau. Les Lapons s'en servent pour tanner les
peaux de Rennes ; ils en font des cordages et ils ob-
tiennent, par l'infusion des feuilles, une couleur
rougeâtre avec laquelle ils teignent leurs filets. Les
branchages garnis de leurs feuilles servent, à certaines

époques, à nourrir les bestiaux. La séve fermentée produit un bon vinaigre. Les Finlandais emploient les jeunes feuilles en guise de thé, et les Lapons et les Groënlendais pilent le tissu cellulaire de l'écorce, et le mêlent à leurs alimens.

Je suis entré dans ces détails sur le Bouleau d'Europe, parce qu'il a, avec celui d'Amérique, la plus grande ressemblance ; je pense que l'espèce qui croît si abondamment aux environs de Paris est une variété du *Betula alba* de la Suède et de la Russie ; ou s'il n'en possède pas, à beaucoup près, les propriétés, il faut l'attribuer sans doute à l'influence de la température beaucoup plus douce de nos contrées.

Le *Betula papyracea* vient très-bien aux environs de Paris, où il est connu des amateurs et des pépiniéristes sous le nom de *Betula nigra.* Si l'expérience apprend qu'il peut croître dans les mauvais terrains, alors ce sera une bonne acquisition pour nos forêts, car la hauteur de cet arbre est plus considérable que celle du Bouleau que nous possédons, et son bois est très-préférable.

PLANCHE I.

Rameau représentant les feuilles et les chatons femelles de grandeur naturelle. Fig. 1, graine. Fig. 2, écaille de chaton sous laquelle est placée la graine.

White Birch.
Betula populifolia.

BETULA *POPULIFOLIA.*

WHITE BIRCH.

BETULA, *foliis longè acuminatis, inæqualiter serratis, glaberrimis.*

CETTE espèce, comme le *Betula papyracea*, croît en Canada et dans les parties les plus septentrionales des États-Unis. Elle se trouve encore dans le bas de l'État de New-York, du New-Jersey et delà Pensylvanie ; mais elle est plus rare en Virginie, et je crois pouvoir assurer qu'elle n'existe pas dans les États méridionaux. Aux environs de New-York et de Philadelphie, on donne à cet arbre le nom de *White birch*, Bouleau blanc : ce nom est aussi en usage dans le district de Maine, où cependant il est fréquemment désigné sous celui de *Old field birch*, Bouleau des champs abandonnés, pour le distinguer du Bouleau à canot. Les situations peu garnies de bois, ou le sol est sec et maigre, sont celles où le *Betula populifolia* se rencontre le plus souvent, et il s'y élève à 20 et 25 pieds (7 à 9 mètres). Cependant les individus qui croissent accidentellement dans les lieux humides, parviennent à de plus fortes dimensions, et on en voit qui ont 30 à 35 pieds (10 à 12 mètres) de hauteur sur 8 à 9 pouces (24 à 27 centimètres) de diamètre.

Le *Betula populifolia*, dans les pays où il se trouve, ne m'a pas paru aussi multiplié que les autres espèces de ce genre que je décris, car on en rencontre rarement plusieurs ensemble, et seulement à d'assez grands intervalles. Il est un peu plus répandu dans le district de Maine, mais on ne l'y trouve que sur le bord des chemins et dans les champs qui ont été épuisés par la culture, et dont le sol est très-sablonneux.

Dans les arbres qui ont acquis tout leur accroissement, les branches sont très-nombreuses, très-menues et ordinairement décombantes. Ses feuilles, lisses en-dessus, et en-dessous, sont en cœur à leur base, très-acuminées, et doublement et inégalement dentées dans leur contour. Les pétioles, légèrement tors, les rendent plus mobiles que celles des autres espèces chez lesquelles cette disposition n'existe pas. J'ai encore remarqué que les bourgeons du *Betula populifolia*, peu de jours après leur développement, étoient légèrement enduits d'une substance jaunâtre et odorante. Le tronc du *Betula populifolia* est couvert d'une écorce dont la blancheur est aussi parfaite que celle du Bouleau à canot, ou du Bouleau d'Europe; mais elle en diffère essentiellement, en ce que son épiderme, après avoir été enlevé de dessus l'écorce propre, ne peut, comme celui de ces deux dernières espèces, se subdiviser en feuillets ou lames très-minces.

Le bois du *Betula populifolia* est très-blanc, très-tendre, et comme lustré lorsqu'il a été poli. Comme il est susceptible de pourrir très-promptement, et que, d'ailleurs, les pièces qu'il fournit ont de trop petites dimensions, on n'en fait aucun usage, pas même en bois à brûler. Les menues branches sont trop cassantes pour en faire des balais ordinaires.

Cet arbre ne présente donc aucun degré d'utilité qui puisse en faire recommander l'introduction dans les forêts européennes, ni même la conservation dans les États-Unis.

PLANCHE II.

Rameau représentant les feuilles et un chaton femelle de grandeur naturelle. Fig. 1, graine. Fig. 2, écaille du chaton qui couvre la graine.

BETULA *RUBRA.*

RED BIRCH.

BETULA, *foliis rhombeo - ovatis, acuminatis, duplicato-*
serratis ; petioli brevi.

B. nigra, WILD. B. lanulosa, A. MICH., Fl. b. Am.

LES bords d'une petite rivière qui coule à Kouack-
nack, dans le New-Jersey, et qui est distante d'environ 10 milles de New-York, peuvent être, je pense,
considérés comme un des points les plus avancés vers
le Nord où croît cette espèce de Bouleau ; car je ne
l'ai trouvée dans aucun des Etats situés au Nord-
Est de la rivière Hudson, tandis qu'elle est très-
multipliée dans ceux du milieu et du Sud, et notamment dans le Maryland, la Virginie et la partie
haute des deux Carolines et de la Géorgie.

Dans la Pensylvanie et le New-Jersey, on donne
à cet arbre le nom de *Red birch*, Bouleau rouge,
pour le distinguer du Bouleau blanc, *Betula popu-*
lifolia ; mais plus au midi, où cette dernière espèce
ne croît point, ou du moins y est comparativement
fort rare, elle est seulement appelée *Birch,* Bouleau.

Dans toutes les parties des Etats-Unis où j'ai indiqué que se trouvoit le Bouleau rouge, on ne le voit
point, comme les autres espèces de ce genre, mêlé
parmi les autres arbres au milieu des forêts, mais
seulement sur les bords des rivières, où il croît avec
le Platane, l'Erable blanc et les Saules ; c'est aussi
plus particulièrement le long de celles dont le fond

Red Birch.
Betula rubra.

est graveleux, l'eau limpide, et dont le sol qu'elles
arrosent n'est pas bourbeux, comme dans la partie
maritime des Carolines et de la Géorgie, que cet
arbre pousse avec le plus de vigueur. Sur le bord
de la Delawares, à 3o milles de Philadelphie, en
suivant la route qui conduit à New-York par New-
Hope et Sommerset, j'ai vu plusieurs Bouleaux rouges, qui peuvent avoir 7o pieds (24 mètres) de
hauteur, sur 2 à 3 pieds (1 mètre) de diamètre.
On rencontre peu d'individus en Virginie et dans
la haute Caroline du Nord qui excèdent cette élévation, quoique cet arbre y soit proportionnellement
plus multiplié, eu égard à la température, qui y est
plus douce. Dans les arbres qui ont d'aussi fortes
dimensions, le tronc et les premières grosses branches sont revêtus d'une écorce de couleur verdâtre,
épaisse et assez profondément crevassée, tandis que
dans ceux qui ont moins de 8 à 9 pouces (24 à 27
centim.) de diamètre, l'épiderme est de couleur
rougeâtre ou canelle; d'où lui est venu probablement
le nom de *Red birch*, dénomination qui lui convient
autant qu'aucune autre que ce soit. Comme dans le
vrai Bouleau à canot, cet épiderme se divise transversalement en feuillets très-minces et transparens;
mais la substance qui les compose est comme mélangée, et ne présente pas une texture très-pure et très-
homogène; ce qui fait qu'ils n'ont pas une transpa-
rence égale, et que leur surface n'est pas parfaitement
unie; de sorte que l'on pourroit dire que ces feuillets
sont à ceux du Bouleau à canot, ce qu'est du beau

papier à lettre à du papier commun et mal fabriqué.
Quoique le sommet de cet arbre, lorsqu'il a acquis
tout son développement, embrasse beaucoup d'espace, il paroît cependant peu touffu, parce que ses
branches sont fort épaisses; elles ont encore cela de
remarquable, qu'elles se terminent en scions longs,
flexibles et pendans, et que leur écorce est brune,
ponctuée de blanc, légèrement rugueuse, et non lisse
et luisante comme celle des autres espèces de Bouleau.

Les feuilles du *Betula rubra* sont longues d'environ 3 pouces (9 centim.) sur 2 (6 centim.) dans
leur plus grande largeur, attachées sur des pétioles
courts et velus, d'un vert peu foncé en-dessus et
blanchâtres en-dessous. Elles sont doublement dentées sur leurs côtés, et leur forme est telle, qu'elles
sont très-acuminées à leur partie supérieure, et
qu'elles se terminent à leur base par un angle très-
ouvert et plus régulier qu'on ne le voit dans les
feuilles d'aucun autre arbre. Les chatons des fleurs
femelles, longs de 5 à 6 lignes (1 cent. à 1 cent. 25
millim.), sont droits et presque cylindriques. Les
graines sont à maturité dès les premiers jours de
juin.

Le bois du *Betula rubra* est assez compacte et blanchâtre, et il y a peu de différence entre la couleur
du cœur et celle de l'aubier; mais il offre cette singularité que, comme celui de l'Amelanchier, *Mes-
pilus arborea*, il est traversé longitudinalement, et
d'une manière singulière, d'un grand nombre de
vaisseaux rouges qui se croisent en suivant des direc-

tions différentes. Dans quelques parties de la Virginie et de la Caroline du Nord, les nègres se servent de son bois, à défaut de celui de Tulipier, pour en faire des sébiles et des écuelles. Partout où croît le *Betula rubra* dans les Etats-Unis, lorsqu'on ne peut plus se procurer de jeunes brins d'Hickery et de Chêne blanc, on se sert de ceux de cet arbre, ou même de ses branches lorsqu'elles n'ont pas encore acquis plus d'un pouce (3 centimètres) de diamètre, pour faire des cercles à barriques, et notamment pour celles dans lesquelles on met le riz. C'est aussi des scions ou brindilles de cette seule espèce de Bouleau qu'on fait les balais employés à balayer les rues de Philadelphie ou les cours des maisons, et ils sont semblables à ceux dont on se sert à Paris pour le même usage. Les scions des autres espèces de Bouleaux ne pourroient pas convenir pour cet objet, parce qu'ils sont moins souples et beaucoup plus cassans.

Tels sont les seuls usages auxquels j'ai trouvé que le bois de cet arbre étoit employé. Ces usages sont de peu d'importance, mais je n'ai pas cru devoir les omettre; ils prouvent que je n'ai négligé, dans aucune occasion, de recueillir tous les renseignemens qui pouvoient donner de l'intérêt à mon travail.

Quoique j'aie dit que le *Betula rubra* se trouvoit constamment sur les bords des rivières, il paroît cependant que leur voisinage n'est pas absolument nécessaire à sa végétation, car il en existe un fort beau pied dans le jardin de State-House de Philadelphie,

qui a plus de 30 pieds (10 mètres) de haut. De
toutes les espèces de ce genre qui croissent en
Amérique et en Europe, et dont le nombre de celles
qui forment de grands arbres s'élève à dix ou douze,
le *Betula rubra* est le seul dont la végétation soit
rendue très-active par une forte chaleur, telle qu'on
en éprouve dans les Carolines et la Géorgie. Cette
considération est, je pense, assez puissante pour en
recommander la propagation, tant dans cette partie
des Etats-Unis que dans le Midi de la France et en
Italie ; car, comme quelques auteurs qui ont écrit
sur ce genre d'arbres l'ont judicieusement remarqué,
si les Bouleaux n'ont pas des propriétés très-brillan-
tes, elles sont du moins très-nombreuses, et ils sont
également utiles à la société.

PLANCHE III.

Rameau représentant les feuilles et un chaton femelle de gran-
deur naturelle. Fig. 1, graine. Fig. 2, écaille détachée du chaton
qui couvre la graine.

Yellow Birch.
Betula lutea.

BETULA *LENTA.*

BLACK BIRCH.

BETULA, *foliis cordato-ovatis, argutè serratis, acuminatis, glabris.*

B. carpinifolia., A. MICH, Flora b. Amer.

DES différentes espèces de Bouleaux qui croissent dans l'Amérique septentrionale, celle - ci est, sans aucun doute, la plus intéressante par les bonnes qualités de son bois et par son feuillage agréable. Elle est connue dans toutes les parties des Etats-Unis où elle croît, sous le nom de *Black birch*, Bouleau noir; cependant, en Virginie elle est quelquefois désignée secondairement sous celui de *Mountain mahogany*, Acajou de montagne; et dans le Connecticut, le Massachusset et plus au Nord, par ceux de *Sweet birch*, Bouleau odorant, et de *Cherry birch*, Bouleau mérisier; cette dernière dénomination est ausssi la seule usitée en Canada.

J'ai observé le Bouleau mérisier à la Nouvelle-Ecosse, dans le district de Maine et l'Etat de Vermont; mais il y est très-rare comparativement au *Betula lutea.* Cet arbre abonde au contraire dans les Etats du milieu, comme ceux de New-York, de New-Jersey et de Pensylvanie; mais plus au Sud, on ne le voit que sur le sommet des Monts-Alléghanys, jusqu'à leur terminaison en Géorgie, ainsi que sur les bords escarpés et très-ombragés des rivières qui en coulent. Il résulte donc de mes recherches, que

cet arbre est entièrement étranger à la basse Virginie,
ainsi qu'à la partie méridionale et maritime des deux
Carolines et de la Géorgie ; je ne me ressouviens pas
non plus de l'avoir trouvé dans le Kentucky et l'Ouest
de Tennessée.

Dans le New-Jersey et le long de la rivière du
Nord où je l'ai plus particulièrement observé, j'ai
toujours remarqué qu'il affectoit le plus ordinairement de croître partout où le sol est profond, meuble, et conserve long-temps sa fraîcheur : c'est dans
de semblables situations qu'il m'a paru qu'il parve-
noit à ses plus grandes dimensions, qui excèdent
quelquefois 70 pieds (24 mètres) d'élévation sur 2
à 3 pieds (1 mètre) de diamètre.

Le Bouleau noir ou le Bouleau mérisier est un
des arbres qui, dans les environs de New-York, au
sortir de l'hiver, développe ses feuilles le plutôt.
Pendant les quinze premiers jours qui suivent
cette époque, elles sont couvertes d'un duvet argen-
té très-épais qui, bientôt après, disparoît entièrement ; alors elles sont d'une texture fine et d'un vert
très-agréable. Ces feuilles, longues d'environ 2 pouces
(6 centimètres), assez semblables à celles du mérisier, sont échancrées en cœur à leur base, acuminées
supérieurement, et finement dentées dans tout leur
contour. Les jeunes pousses sont de couleur brune,
lisses et ponctuées de blanc, ainsi que les feuilles
elles-mêmes. Lorsqu'on les froisse ou qu'on les mâ-
che, elles répandent une odeur extrêmement suave ;
séchées et conservées avec soin, elles retiennent cette

propriété, ce qui permet d'en faire une infusion très-agréable, en y ajoutant du lait et du sucre.

Les fleurs mâles du *Betula lenta* sont disposées en chatons flexibles, et longs d'environ 4 pouces (12 centimètres. Les chatons femelles situés le plus souvent aux extrémités des jeunes rameaux, sont droits, cylindriques et presque sessiles, à l'époque de la maturité des graines, qui a lieu au 1er novembre; ils ont 10 à 12 lig. (2 à 3 centim.) de long sur 5 à 6 lignes (1 centim.) d'épaisseur. Dans les individus qui ont moins de 8 pouces (24 centimètres) de diamètre, le tronc est couvert d'une écorce unie, grisâtre, parfaitement ressemblante à celle du mérisier par sa couleur et son organisation. Dans les vieux arbres, l'épiderme se détache transversalement d'espace en espace, et présente des lames dures et ligneuses, qui ont 6 à 8 pouces (18 à 24 centimètres) de large.

Le bois du *Betula lenta*, fraîchement débité, est d'une couleur rosée, dont l'intensité augmente à mesure qu'il se dessèche et qu'il est exposé à la lumière. Son grain est d'une texture très-fine et très-serrée, ce qui le rend susceptible de prendre un beau poli : il possède d'ailleurs un assez grand degré de force. C'est la réunion de tous ces avantages qui le rend supérieur à celui des autres Bouleaux des Etats-Unis; aussi, dans les Etats de Massachusset, de Connecticut et de New-York, après le Cerisier de Virginie, c'est celui qui, dans les campagnes, est le plus souvent employé par les ébénistes; on en fait des tables et des montans de bois de lits, qui, entretenus

avec soin, finissent par ressembler à l'acajou ; et
à Boston on l'emploie à cause de cela pour la
charpente des fauteuils et des canapés à fond de
crin. Dans cette dernière ville, les carrossiers s'en
servent aussi pour l'encadrement des panneaux de
carrosses, et l'on en fait des formes de souliers,
moins estimées à la vérité que celles en Hêtre. Tels
sont les principaux usages auxquels le bois de cet
arbre est le plus spécialement adapté, et dont la
connoissance me paroît suffire pour indiquer ceux
auxquels il peut être propre par analogie.

Le *Betula nigra* est d'une belle végétation, et
lorsqu'il est planté dans un sol qui lui convient, son
accroissement est très-rapide. Je donnerai en preuve
ce qui est rapporté dans les *Annales des Arts*, publiées
à Londres ; on y lit, volume douzième, qu'un pied
de cet arbre, dans le cours de dix-neuf ans, s'est
élevé à 45 pieds 8 pouces (15 mètres 24 centim.)

Ces considérations sont, ce me semble, assez puis-
santes pour engager les Américains à conserver ce
Bouleau avec plus de soin, et les Européens à le faire
entrer dans la composition de leurs forêts ; c'est surtout dans le Nord de l'Empire, en Allemagne, en
Angleterre et en Ecosse, que la réussite en grand des
tentatives qu'on pourroit faire pour le naturaliser
sera plus certaine, parce que le sol et le climat de
ces contrées sont plus humides que dans le Midi de
la France.

Je terminerai la description du *Betula lenta*, qui
est un de mes arbres favoris, par le recommander

aux amateurs de cultures étrangères, parce qu'il figurera très - bien dans les jardins et les parcs d'une
grande étendue, à cause de la beauté de son feuillage, et de l'odeur douce et agréable qu'il répand
au moment de sa floraison.

PLANCHE IV.

Rameau représentant les feuilles et les chatons femelles de grandeur naturelle. Fig. 1, graine. Fig. 2, écaille détachée sous laquelle se trouve placée la graine.

BETULA *LUTEA.*

YELLOW BIRCH.

Betula, *foliis ovatis, acutis, serratis; petiolis pubescentibus.*
B. excelsa, Ait. Hort. Kew.

Cette espèce, de même que le *Betula papyracea*, appartient aux régions les plus septentrionales du nouveau monde ; elle abonde surtout dans les forêts de la Nouvelle-Ecosse, de la Nouvelle-Brunswick, du district de Maine, où elle est désignée sous le seul nom de *Yellow birch*, Bouleau jaune. Au Sud de la rivière Hudson, elle est déjà très-rare; et dans le New-Jersey et la Pensylvanie, on n'en rencontre qu'un petit nombre d'individus, et seulement dans les endroits les plus ombragés et les plus humides; là, elle est confondue par les habitans avec le vrai *Betula lenta*, qui y est très-commun, et avec lequel elle a beaucoup d'analogie.

Dans le district de Maine, c'est toujours dans les terrains très-frais où le sol est de bonne qualité, et principalement couvert de Frènes, d'Hemlock Spruces et de Sapinettes noires, qu'on trouve le Bouleau jaune. Dans ces sortes de situations, cet arbre s'élève de 60 à 70 pieds (20 à 24 mètres) sur plus de 2 pieds (64 centimètres) de diamètre. Ce sont là les plus grandes dimensions auxquelles il parvienne. C'est donc à tort que les botanistes lui ont donné le nom spécifique d'*Excelsa ;* ce qui paroîtroit indiquer que cette espèce

Bessa del.

Gabriel sculp.

Pl. 5

Black Birch.

Betula lenta.

de Bouleau s'élève à une plus grande hauteur qu'aucune autre de ce pays, ce qui n'est pas. Le Bouleau jaune n'en est pas moins un très-bel arbre, dont le tronc, ordinairement sans branches et d'un diamètre uniforme, est parfaitement droit jusqu'à 30 à 40 pieds (10 à 13 mètres) de terre. Ce qui le rend surtout remarquable, c'est son épiderme, qui est de couleur jaune dorée, et aussi luisante que si elle avoit été vernissée ; souvent elle se partage naturellement en lanières très-fines, qui sont roulées sur elles-mêmes.

Les jeunes pousses et les feuilles du *Betula lutea*, lors de leur développement au printemps, sont velues ; mais vers le milieu de l'été, lorsqu'elles ont acquis toute leur grandeur, elle sont entièrement lisses, à l'exception du pétiole qui les supporte, qui reste garni de petits poils très-fins. Ces feuilles, longues d'environ 3 pouces et demi (10 centimètres) sur 2 pouces et demi (7 centimètres) de largeur, sont ovales-acuminées, et bordées de dents inégales et pointues. Elles ont, ainsi que l'écorce des jeunes branches, une odeur et une saveur douces, pareilles à celles du *Betula lenta*, mais beaucoup moins sensibles, et qui se perdent par la dessication.

La fructification de cette espèce de Bouleau a beaucoup de ressemblance avec celle du *Betula lenta*. Les chatons des fleurs femelles, supportés sur de courts pédicules, longs d'environ 12 à 15 lignes (2 à 3 centimètres) sur 5 à 6 lignes (1 à 2 centimètres) en diamètre, sont droits, de forme ovale, et presque cylindrique ; les écailles dont ils sont composés, sont trifides, très-acuminées, et longues d'environ 3 lignes (7 millimètres). Vues à la loupe, elles sont velues. Ces écailles couvrent des graines petites et ailées, qui sont à maturité vers le 1er octobre.

Le bois du *Betula lutea* est inférieur en qualité et en beauté à celui du *Betula lenta* ; mais, comme lui, il a de la force ; et lorsqu'il a été bien poli, les meubles qui en sont fabriqués ont une assez belle apparence, mais ils ne prennent jamais une couleur aussi foncée. A la Nouvelle-Ecosse et dans le district de Maine, on le fait entrer dans la charpente inférieure des vaisseaux, ce à quoi il convient parfaitement bien, parce que cette partie reste continuellement sous l'eau. A la Nouvelle-Ecosse surtout, on fait encore presque exclusivement usage des jeunes brins pour cercles de barriques, et dans le district de Maine on le préfère, lorsqu'il est bien sec, pour en faire le joug des bœufs et le corps des traîneaux.

Le *Betula lutea* fournit un très-bon combustible, et on en exporte annuellement, pour cet usage, une assez grande quantité du district de Maine, à Boston. Son écorce est estimée pour le tannage des cuirs ; mais elle n'est employée, dans le district de Maine, que dans une très-petite proportion, et seulement pour ce que les tanneurs appellent cuir paré, *fair leather*.

Oddy, dans son traité *on the European Commerce*, dit qu'on importe beaucoup de planches de Bouleau jaune en Ecosse et en Irlande, où il est fort estimé pour la menuiserie. L'espèce qu'il indique sous ce nom est bien celle dont je viens de donner la description.

Tels sont les résultats des observations que j'ai recueillies sur cette espèce , dans mes voyages au Nord des Etats-Unis , et d'après lesquels je pense que la température et le sol de l'Allemagne seront plus favorables à son accroissement que ceux de la France, où je crois qu'on doit donner la préférence à la culture du *Betula lenta*, qui exige moins d'humidité.

PLANCHE V.

Rameau représentant les feuilles et les chatons femelles , de grandeur naturelle. Fig. 1 , graine. Fig. 2 , écaille détachée sous laquelle se trouve placée la graine.

CASTANEA *VESCA.*

AMERICAN CHESNUT.

(Monoecie polyandrie. Fam. des Amentacées. Juss.)

CASTANEA *vesca, foliis lanceolatis, acuminatò-serratis, utrinquè glabris. Nucibus dimidio superiore villosis.*

QUELQUES cantons de l'Etat de New-Hampshire, situés près du 43.ᵉ degré de latitude, peuvent être considérés comme les points les plus avancés vers le Nord où se trouve le Châtaignier d'Amérique; mais les froids encore trop rigoureux qui se font sentir en hiver sous cette latitude, empêchent qu'il n'y soit aussi commun que dans le Connecticut, le New-Jersey et la Pensylvanie, qui sont plus avancés vers le Sud d'environ 250 milles. C'est principalement dans toute la région montagneuse qui traverse la Virginie, les deux Carolines et la Géorgie, que cet arbre m'a paru le plus multiplié dans les forêts. L'Est-Tennessée et les montagnes de Cumberland en sont aussi abondamment fournis.

Toutes ces contrées sont très-favorables à la croissance du Châtaignier, parce qu'elles jouissent en été d'une température constamment fraîche ; que les froids y ont peu d'intensité en hiver, et encore parce que cet arbre prospère très-bien, et mieux que partout ailleurs sur le penchant des montagnes et dans leur voisinage, où le sol est communément graveleux,

American Chesnut.

Castanea vesca.

quoique assez profond pour favoriser tout le développement de sa végétation. C'est également dans les
parties de l'Europe méridionale qui offrent de semblables situations, que le Châtaignier de l'ancien
continent parvient à son plus grand accroissement.
On en cite un, entr'autres, qui se trouve sur les
flancs du mont Ætna, et qu'on nomme Châtaignier
à cent chevaux, parce que cent personnes à cheval
peuvent se mettre à l'abri sous ses branches. Cet
arbre a 160 pieds (52 mètres) de circonférence, ou
à peu près 53 pieds (19 mètres) de diamètre; mais il
est entièrement creux, et il ne végète, pour ainsi dire,
que par son écorce. Dans le voisinage de celui-ci, on
trouve plusieurs autres individus qui ont 75 pieds
(24 mèt.) de circonférence. Dans le département du
Cher, près de Sancerre, à 42 lieues (168 kil.) de
Paris, on voit un Châtaignier qui a 30 pieds (9 mèt.)
de circonférence à hauteur d'homme. Il y a six cents
ans qu'il portoit déjà le nom de gros Châtaignier.
On lui suppose mille ans d'âge. Son tronc est parfaitement sain, et chaque année il se charge d'une quantité immense de fruits. Quoique dans aucune partie
des Etats-Unis où j'ai voyagé, je n'aie entendu parler
d'arbres de cette espèce qui eussent de pareilles dimensions, je ne considère pas moins le Châtaignier
du nouveau continent comme susceptible d'y arriver.
Car les individus qu'on rencontre dans les montagnes
de la Caroline du Nord, sont aussi gros et aussi élevés
que ceux qu'on trouve communément dans les forêts
européennes. J'en ai mesuré plusieurs qui avoient de

15 à 16 pieds (5 mètres) de circonférence, et dont la hauteur égaloit celle des plus grands arbres.

Les diverses parties des Etats-Unis où le Châtaignier peut être regardé comme étranger, sont, au Nord, le district de Maine, l'Etat de Vermont, et une grande portion du Gennessée : au Midi, la partie méridionale et maritime de la Basse-Virginie, des deux Carolines et de la Géorgie, ainsi que les deux Florides et la Basse-Louisiane, jusqu'à l'embouchure de l'Ohio dans le Mississipi.

Quoique le Châtaignier d'Amérique ait une très-grande ressemblance avec l'espèce d'Europe par son port, son feuillage, ses fruits et la nature de son bois, il n'en est pas moins une espèce distincte.

Les feuilles de cet arbre, longues de 6 à 7 pouces (20 centim.), sur 1 pouce et demi (4 centim.) de largeur, ont une forme ovale très-alongée ; elles sont largement dentées dans leur contour, luisantes, d'une belle couleur verte et d'une texture assez ferme ; les nervures inférieures en sont très-saillantes et parallè-les ; les fleurs mâles grouppées sur des filets axillaires, longs de 4 à 5 pouces (15 centim.), sont blanchâtres et elles exhalent une odeur désagréable. Les Chatons femelles sont également disposés sur des filets ; mais ils sont moins apparens. A ces derniers succèdent des fruits arrondis, hérissés de pointes fines et pi-quantes, qui renferment deux ou trois semences de la grosseur du doigt. Ces semences, auxquelles on donne le nom de Châtaignes, sont convexes d'un côté, déprimées de l'autre : elles sont revêtues d'une enveloppe coriace, de couleur brune, et velues dans leur tiers supérieur. Mangées crues, elles sont plus douces que celles que produit le Châtaignier sauvage d'Europe, mais elles sont un peu plus petites. C'est aux marchés de New-York, de Philadelphie, et de Baltimore, qu'on en apporte davantage; elles s'y vendent à-peu-près 15 francs le minot.

Le bois de Châtaignier d'Amérique, comme celui de l'espèce de l'ancien Continent, a de la force, de l'élasticité, et comme lui, il résiste très-long-temps aux alternatives de la sécheresse et de l'humidité.

Cette dernière propriété le rend surtout très-appréciable pour faire des pieux qui se conservent long-temps sains, si on a eu l'attention de les tirer d'arbres qui ont moins de 10 pouces (30 centimètres) de diamètre, et de carboniser la partie inférieure jusqu'à quelques pouces au-dessus du niveau du sol. Par cette même raison, dans le Connecticut, la Pensylvanie et une partie de la Virginie, on regarde le Châtaignier comme fournissant les meilleures barres dont on puisse se servir pour former les clôtures des champs cultivés. On assure qu'elles durent quelquefois plus de 50 ans. On en fait aussi des bardeaux très-supérieurs en qualité, à ceux de quelque espèce de Chêne que ce soit, quoiqu'ils aient, comme ceux-ci, le défaut de se tourmenter.

Il en est de même du Merrain qui est fabriqué avec le bois de cet arbre, mais la quantité en est peu considérable; il a, comme celui du Chêne rouge, les pores très-ouverts, et on ne l'employe que pour les tonneaux

qui ne sont propres qu'à contenir des marchandises
sèches, ou des salaisons. Le bois de l'espèce d'Europe
paroît être, au contraire, plus compacte; car, dans une
grande partie de l'Italie, on s'en sert pour faire des
tonneaux destinés à mettre des vins et des eaux-de-
vie.

Dans toute la France et le reste du Midi de l'Europe, presque tous les cercles de tonneaux et de cuves
de toute grandeur, sont faits en jeune Châtaignier, et
l'expérience a appris que c'est le meilleur bois dont
on puisse se servir pour cet usage important, parce
que ces cercles ont la propriété précieuse de se
conserver long-temps sans se pourrir, et plus que
ceux d'aucune autre sorte de bois, bien qu'ils soient
constamment exposés à l'humidité, dans les caves et
dans les celliers. J'ai souvent demandé à des tonneliers de New-York et de Philadelphie, par quelle
raison ils ne servent pas de cercles de Châtaignier
d'Amérique. L'on m'a toujours répondu que le bois
étoit trop *britle*, cassant. Si cela est ainsi, le Châtaignier d'Europe, outre les avantages que possède
celui du Nord de l'Amérique, auroit encore celui
d'être beaucoup plus flexible. Je ne puis cependant
me persuader que cela soit absolument ainsi ; je
pense au contraire que, si les tonneliers américains
ne l'employent pas à cercler les tonneaux, c'est
que les cercles de Châtaignier, de ce pays n'ayant pas
assez de force pour se maintenir seulement comme
ceux des Noyers Hickerys, par le double croissement
de leurs extrémités, il est nécessaire de les assujétir

avec des brins d'osier, ce qui augmente beaucoup la longueur du travail.

Le Châtaignier, comme bois de chauffage, est peu estimé, et on n'en fait point usage sous ce rapport, dans aucune des villes des Etats-Unis; il contient comme celui d'Europe, beaucoup d'air, ce qui fait qu'il craque en brûlant, et envoye au loin des éclats enflammés. Son charbon est considéré par les maréchaux qui se servent de charbon de bois, comme un des meilleurs qu'ils puissent employer. Dans la Pensylvanie, sur quelques-uns des ridges couverts de Châtaigniers, auprès desquels sont établies des forges, les propriétaires de ces usines ont transformé ces bois de Châtaigniers en taillis, qu'ils coupent tous les seize ans pour alimenter leurs fourneaux. Ce court intervalle paroît suffire en Amérique pour fournir de nouvelles coupes, attendu que dans ce pays, la végétation est bien plus active qu'en Europe, parce que l'atmosphère y est constamment plus humide et que les étés y sont beaucoup plus chauds.

On ne peut trop engager les propriétaires de forges de la Virginie, des Hautes-Carolines et du Holston, à suivre cet exemple, en se hâtant de former des taillis de Châtaigniers et de Chênes; cette méthode, en leur procurant de grands bénéfices, tournera à l'avantage du bien public, par l'économie qui en résultera dans l'emploi des matières combustibles, lesquelles deviendront moins rares et moins chères.

Parmi les nombreuses espèces de Chênes dont j'ai donné la description, on choisira de préférence, pour

mettre en taillis, le Chêne Châtaignier des rochers.
On en trouvera les motifs dans la description que
j'ai donnée de cette espèce.

En France, les taillis de Châtaigniers sont regar-
dés comme une des meilleures propriétés qu'on puisse
avoir; généralement on les coupe à sept ans pour en
faire des cercles de tonneaux, et, avec les brins les
plus gros, des échalas pour soutenir les vignes. On
les coupe à quatorze ans pour faire des cercles de cuves, et à vingt-cinq, pour faire des pieux et des char-
pentes légères. Des taillis de Châtaigniers, dans des
terres de très-médiocre qualité, produisent tous les
5 ans, quatre, cinq et six cents francs; ces mêmes
terres n'auroient pu être louées plus de 18 à 20 francs
par an.

Il y a plusieurs manières de former des taillis de
Châtaigniers. La méthode que l'auteur de l'article
Châtaignier, du nouveau Dictionnaire d'histoire naturelle, présente comme préférable, consiste d'abord
à bien ameublir le terrain par plusieurs labours suc-
cessifs, et ensuite à le herser au moment de la plantation; alors, avec un cordeau, ou au moyen de quelques piquets d'alignement, on trace des rayons à distances égales, et tous les 6 pieds (2 mètres), on ouvre
une petite fosse de 8 à 10 pouces (24 à 30 centim.)
de profondeur, sur autant de largeur. On place une
châtaigne à chacun des quatre coins, et la terre retirée
de la fosse sert à la couvrir. Comme la terre de dessus est bien ameublie, le fruit germe aisément, perce
la superficie sans peine, et la radicule a la plus grande

facilité pour pivoter. Lorsque les châtaignes auront bien levé, et que leurs jets auront pris de la consistance pendant le cours de l'année suivante, on ne laissera subsister que celui qui promettra le plus. Il faudra les déraciner avec précaution, et surtout prendre garde à ne pas endommager les racines de celui qui restera. Cette méthode donnera les moyens d'établir de belles forêts de Châtaigniers par les seuls pieds qu'on y laisse, et fournira une masse considérable de jolis sujets à planter ailleurs. Lorsque les branches commenceront à se toucher, et que les plants paroîtront trop se rapprocher, il conviendra d'en supprimer un alternativement, ce qui les établira à une distance de 12 pieds (4 mètres).

Je crois que la première plantation devra être faite dans le courant de mars, avec des châtaignes qu'on aura ensablées dans des caisses, ou mélangées avec du bois pourri, et qu'on aura conservées dans la cave ou au cellier. Ces châtaignes seront alors presque toutes germées, et on sera bien plus certain de la réussite.

L'introduction, dans plusieurs parties des États-Unis, du Châtaignier d'Europe, seroit une précieuse acquisition ; car c'est cet arbre qui donne ces grosses châtaignes, connues vulgairement sous le nom de *Marrons de Lyon*, lesquelles, par suite d'une longue culture, ont augmenté considérablement en volume et en qualité. Ces châtaignes ou marrons sont tellement estimées, que tous les ans, des environs de Lyon, elles sont exportées, non-seulement dans le reste de la France, mais encore dans le Nord de l'Europe. Avant la guerre, on en envoyoit aussi dans les colonies françaises des Indes Occidentales.

Cette recommandation pour la culture du Châtaignier cultivé, s'adresse plus particulièrement aux habitans du Kentucky, de l'Ouest-Tennessée, ainsi qu'à ceux de la Haute-Virginie et des Hautes-Carolines, parce que la nature de leur sol sera plus favorable à la réussite de cette excellente espèce, dont le fruit est quatre fois plus gros que celui du Châtaignier sauvage des États-Unis.

Cet arbre existe déjà chez quelques pépiniéristes des environs de New-York et de Philadelphie. Il suffira donc de se procurer quelques pieds pour se fournir de greffes qui seront faites sur de jeunes Châtaigniers sauvages qu'on prendra dans les bois, ou ce qui vaudroit mieux, sur des sujets élevés en pépinière et provenant de châtaignes qu'on auroit plantées dans cette vue.

On peut greffer le Châtaignier en fente et en écusson, mais on préfère la greffe dite en sifflet ou en flûte. Celle-ci consiste d'abord à couper l'extrémité de la branche qu'on veut greffer et qu'on nomme *sujet*, et à enlever au-dessous de la coupe un anneau d'écorce muni d'yeux, d'un à 3 pouces (3 à 9 centimètres) de long, qu'on nomme le *sifflet*. On choisit ensuite la branche qui doit fournir les greffes, et qui doit avoir le même diamètre que le sujet; on enlève, par le gros bout, un tuyau d'écorce un peu moins long que la plaie du sifflet; on ajuste ce tuyau à la place de l'anneau enlevé, on le fait joindre exactement par le bas, on réduit en charpie, en râclant de haut en bas, ce qui reste de bois à découvert au-dessus de la greffe, et on lute les scissures avec de l'argile pour empêcher l'eau de pluie de s'introduire, et de s'opposer à la réussite.

Tels sont les renseignemens que je puis donner sur le Châtaignier sauvage de l'Amérique septentrionale, et sur les ressources qu'offrent aux Américains sa culture, et l'introduction du Châtaignier cultivé, dans les Etats-Unis.

PLANCHE VI.

Rameau représentant les feuilles de grandeur naturelle. Fig. 1, fruit du Châtaignier à l'époque de la maturité. Fig. 2, châtaigne séparée de son enveloppe.

CASTANEA *PUMILA.*

THE CHINCAPIN.

Castanea *pumila, foliis ovalibus serratis, subtùs incanò-tomentosis. Fructu parvo, in singulis capsulis echinatis unico.*

La partie du New-Jersey, qui avoisine la Delaware, à partir du cap May jusqu'à environ 100 milles en remontant le cours de cette rivière, peut être regardée comme la limite vers le Nord où se trouve le Châtaignier chincapin ; il est déjà plus commun dans le Maryland ; et il l'est encore davantage dans la Basse-Virginie, ainsi que dans toute la partie basse des deux Carolines, de la Géorgie, des Florides et de la Louisiane, jusqu'à la rivière des Arkansas. Cet arbre est aussi très-multiplié dans l'Ouest-Tennessée, mais seulement autour des prairies naturelles qui sont enclavées dans les forêts ; enfin, dans tous les Etats du Sud, on trouve très-abondamment le Chincapin, partout où ne croît pas le Châtaignier d'Amérique, qui ne se plaît bien que dans les pays un peu montueux, où le terrain est graveleux, et où l'atmosphère est toujours très-humide.

Dans les Etats de New-Jersey, de la Delaware et de Maryland, le Châtaignier chincapin n'est, pour ainsi dire, qu'un arbrisseau qui parvient rarement à plus de 7 et 8 pieds de haut (2 à 3 mètres), tandis que dans la

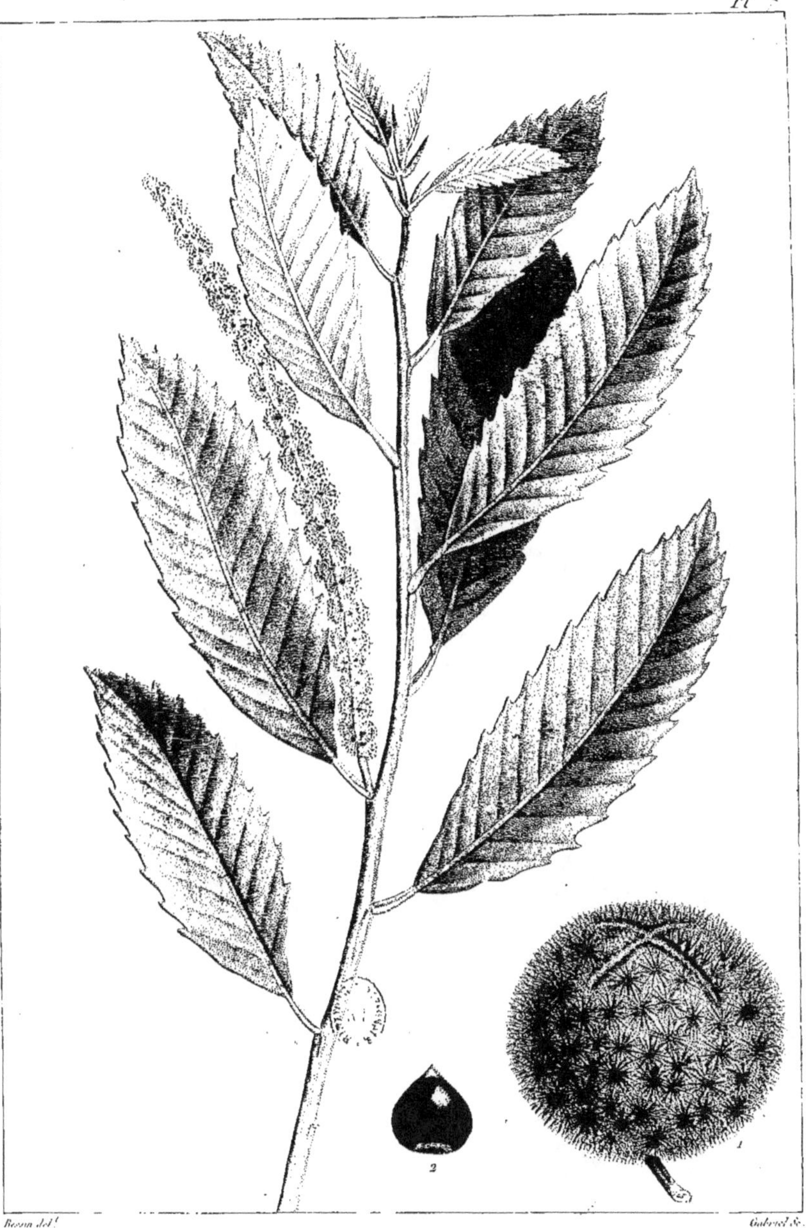

Chincapin.

Castanea pumila.

Caroline méridionale, la Géorgie et la Basse-Louisiane, il s'élève quelquefois à 30 et 40 pieds (10 à 13 mètres), sur 12 et 15 pouces de diamètre (4 à 5 décimètres). Il est vrai cependant que, le plus souvent, il reste au-dessous de ces dimensions. Ses feuilles, longues de 3 à 4 pouces (1 centim.), ont à peu près la même forme que celles du Châtaignier d'Amérique, et sont également bordées de dents. Elles en diffèrent cependant, en ce qu'elles sont de moitié plus petites et blanchâtres en-dessous. Quant à la fructification, qui comprend les fleurs mâles, les fleurs femelles et les fruits à l'époque de leur maturité, elle présente la même disposition et la même forme ; elle en diffère seulement en ce que toutes les parties qui la composent sont de moitié plus petites, et encore, en ce que les châtaignes du Chincapin sont rarement déprimées sur un de leurs côtés. Elles ne sont guères plus grosses que les noisettes sauvages, et à cet égard, on peut dire qu'elles sont aux châtaignes sauvages du Châtaignier d'Europe ou d'Amérique, ce que sont ces dernières aux plus beaux marrons de Lyon, qui sont trois ou quatre fois plus volumineux. Cependant, ces petites châtaignes du Chincapin sont apportées au marché, où à la vérité elles ne sont achetées que par les enfans qui les mangent crues. Je ne crois pas que les Américains aient un grand intérêt à chercher à perfectionner, par la culture ou la greffe, le fruit du Chincapin, puisqu'ils peuvent se procurer aisément la châtaigne cultivée, connue sous le nom de marrons, si supérieure, par son goût et sa grosseur, à la châtaigne sauvage, et qui peut croître dans toute sa perfection, dans les hautes Carolines et dans une très-grande partie de la Virginie et des Etats de l'Ouest.

Dans le Midi des Etats-Unis, le Chincapin croît abondamment dans les terrains les plus secs et les plus arides ; mais bien qu'il y fructifie, il ne s'y élève qu'à 6 ou 8 pieds (2 mètres), tandis que le long des Swamps, où le sol est frais et fertile, il parvient à tout son développement. Cette propriété qu'il a de végéter presque partout, excepté dans les lieux sujets à être submergés, fait qu'il est un des végétaux arborescens les plus multipliés.

Le bois du Chincapin a le grain plus fin et plus serré que celui du Châtaignier ordinaire. Il est plus pesant, et il a peut-être encore plus que lui, la propriété précieuse de résister long-temps à la pourriture, ce qui le rend très-propre à faire des pieux, qui se conservent sains en terre pendant plus de quarante ans. Mais on ne s'en sert jamais qu'accidentellement, attendu que les gros brins nécessaires pour cet usage, sont trop rares pour qu'on puisse s'en procurer un grand nombre à la fois. Cependant, si par la suite des temps, on persiste dans les Etats du Midi à enclore les champs cultivés de la manière qu'ils le sont dans les Etats du milieu, alors le Melia Azedarch mériteroit bien plus que le Chincapin d'être cultivé, pour fournir à ce genre de clôture, parce qu'il croît six fois plus vite, même dans les terres les plus maigres, ou qui ont été abandonnées pour cause d'infertilité, et encore, parce que son bois est aussi durable que celui de l'Acacia. On emploie bien rarement les jets du Chincapin pour faire des cercles, parce que dès qu'ils ont atteint la grosseur du doigt, ils se chargent de branches qui les rendent trop noueux pour cet usage. Cependant, si cet arbre étoit planté en taillis, il offriroit peut-être sous ce rapport, un résultat important; car, dans le Midi des Etats-Unis, les Noyers hyckerys et les jeunes Chênes blancs sont proportionnellement plus rares, que dans les forêts des Etats du Nord.

Tout ce que je viens de dire sur le Chincapin, tend à prouver que ce végétal n'est que d'un intérêt très-secondaire pour les habitans des Etats-Unis, et par suite pour les Européens. Je ne puis donc en recommander la culture qu'aux amateurs, qui veulent enrichir leur collection d'une espèce de Châtaignier, curieuse par la beauté de son feuillage et par la petitesse de ses fruits.

PLANCHE VII.

Rameau représentant les feuilles de grandeur naturelle. Fig. 1, fruit du Chincapin à l'époque de sa maturité. Fig. 2, châtaigne séparée de son enveloppe.

FAGUS *SYLVESTRIS.*

WHITE BEECH.

(Monoecie polyandrie , LINN. Famille des Amentacées , JUSS.)

FAGUS *sylvestris*, *foliis acuminatis*, *obsoletè dentatis*, *margine ciliatis.*

DANS l'Amérique du Nord, comme en Europe, le Hêtre est un des beaux arbres qui ornent les forêts, tant par sa grande élévation, que par son port majestueux. Il en existe dans les Etats-Unis et en Canada deux espèces, qui jusqu'à présent, avoient été considérées par les botanistes comme variété l'une de l'autre ; mais les remarques que j'ai faites à ce sujet, m'ont mis à portée de les distinguer et de reconnoître la justesse de l'opinion des habitans des Etats les plus septentrionaux, qui depuis long-temps, avoient fait eux-mêmes cette différence dans les pays où ces deux arbres sont très-abondans. Ils donnent à l'espèce que je décris le nom de *White Beech*, Hêtre blanc, et à l'autre, celui de *Red Beech*, Hêtre rouge, distinction faite d'après la couleur du bois et non d'après celle du feuillage. Mais dans les Etats du milieu, du Sud et de l'Ouest, où cette dernière espèce n'existe pas, ou du moins est très-rare, cette distinction n'a pas été nécessaire ; ce qui fait que le *Fagus sylvestris* y est connu seulement sous le nom de *Beech*, Hêtre. J'ai conservé au Hêtre blanc le nom spécifique latin de *Fagus sylvestris*, qui s'accorde très-bien avec la courte description que mon père en a donnée dans son *Flora boreali Americana* ; et j'ai donné au Hêtre rouge, celui de *Fagus ferru-*

White Beech.
Fagus sylvestris.

ginea, qui se trouve aussi bien convenir à celle qui est insérée dans la dernière édition du *Species plantarum*, publiée par Willdenow, en 1805.

Un sol profond et un peu humide, et une température froide, sont les circonstances qui déterminent la plus grande grosseur du *Fagus sylvestris* : aussi, est-il incomparablement plus commun dans les Etats du milieu, et surtout dans ceux de l'Ouest, que dans la partie basse et maritime des Carolines et de la Géorgie. Dans la Pensylvanie, le New-Jersey et le Maryland, et généralement à l'Est des montagnes, cet arbre est fort commun, mais il est isolé au milieu des bois ; tandis que dans le Gennessée, le Kentucky et le Tennessée, il compose souvent à lui seul des masses de forêts d'une étendue considérable. Je n'ai jamais vu de plus beaux Hêtres que sur les bords de l'Ohio, entre Marietta et Gallipoli : j'en ai mesuré plusieurs très-près les uns des autres, qui avoient 8, 9 et 11 pieds (2 , 3 et 4 mètres) de circonférence, et qui excédoient certainement 90 à 100 pieds (35 mètres) d'élévation.

Dans ces belles forêts de Hêtres, qui sont assises sur un sol riche et profond, la surface du terrain est fréquemment tapissée des racines de cet arbre, qui serpentent à fleur de terre, et s'étendent à une grande distance en s'entrelaçant les unes dans les autres, ce qui rend la marche du voyageur fatigante ; c'est probablement aussi à cause de cette grande quantité de racines, que les terrains couverts de Hêtres sont les plus difficiles à défricher.

Le Hêtre blanc, paré d'un superbe feuillage, est un arbre magnifique. Il est plus élancé et beaucoup moins rameux que le Hêtre rouge. Ses feuilles, considérées isolément, sont ovales, acuminées, lisses en-dessus et en-dessous, avec des nervures parallèles très-prononcées; elles sont légèrement bordées de poils qui ont de 1 à 2 lignes (2 à 5 millimètres) de longueur. Cet arbre appartient à la classe de la Monœcie de Linnæus, dont les fleurs mâles et les fleurs femelles sont séparées, mais placées sur le même pied; les premières sont disposées sur des chatons sphériques, suspendus par un pédicule flexible et long d'environ 10 à 12 lignes (3 centim.). Les fleurs femelles sont peu apparentes. A ces dernières succèdent des fruits de forme ovale et hérissés de pointes courtes et flexibles. A l'époque de leur maturité, ils s'ouvrent en quatre parties et laissent échapper deux semences de forme triangulaire, couvertes d'une enveloppe coriace.

Le tronc des Hêtres, même dans les vieux arbres, est revêtu d'une écorce épaisse, d'une couleur grise, et qui est toujours unie et non fendillée, comme celle du Chêne et du Châtaignier; dans l'espèce que je décris, la proportion de l'aubier au cœur est très-considérable; ainsi, dans des arbres de 15 à 18 pouces (4 à 5 décimètres) de diamètre, il n'existe souvent que 2 à 3 pouces (3 centimètres) de cœur. C'est de la grande blancheur de l'aubier que lui est venu le nom de Hêtre blanc; car, comme je l'ai remarqué plusieurs fois, dans ce pays on distingue le plus ordinairement les espèces d'arbres du même genre , dont le bois est employé dans les arts, par la couleur de celui-ci , et non par la différence que peuvent offrir les fleurs et les feuilles.

Quant aux propriétés que possède le bois du Hêtre blanc, j'en parlerai à l'article suivant, où je traiterai du Hêtre rouge , qui est beaucoup plus estimé , et d'un usage beaucoup plus étendu.

Sur les bords de l'Ohio, et dans quelques parties du Kentucky, où le Chêne est rare, et où par suite on ne peut se procurer assez d'écorce de cet arbre pour le tannage des cuirs , on lui substitue celle du *Fagus sylvestris* , qu'on lève dans le courant du mois de juin. Le cuir préparé avec cette écorce est très-blanc et de bonne qualité. Cependant, les tanneurs du pays avouent que le tannage fait avec l'écorce de chêne , est préférable.

Dans l'hiver, on apporte quelquefois , à Philadelphie , du bois de Hêtre comme combustible, mais la quantité en est très - petite, comparativement à celui de Hickery et de Chêne; ce qui sembleroit faire croire qu'il est peu estimé sous ce rapport.

Tels sont les résultats de mes observations sur le *Fagus sylvestris,* arbre d'une grande beauté , mais dont le bois n'est que d'un intérêt secondaire dans les arts, et qui n'a aucunes qualités qui doivent le faire rechercher des Européens.

PLANCHE VIII.

Rameau représentant les feuilles et le fruit de grandeur naturelle. Fig. 1 , *fruit hors de son enveloppe.*

FAGUS *FERRUGINEA.*

RED BEECH.

FAGUS *ferruginea, foliis ovatò-acuminatis, grossè dentatis. Nuces duæ triquetræ; calyce echinato, coriaceo, quadrifido, inclusæ.*

CETTE espèce de Hêtre se trouve presque exclusivement dans le Nord des Etats-Unis, ainsi que dans la province de la Nouvelle Brunswick, à la Nouvelle Ecosse et dans le Canada. Dans le district de Maine et dans les Etats de Vermont et de New-Hampshire, elle y est tellement multipliée, que souvent elle forme à elle seule des forêts d'une grande étendue. C'est plus particulièrement dans les terrains à surface égale ou à pente douce, désignés sous le nom de *Swel lands*, qu'on trouve les plus belles forêts de Hêtres : terrains qui d'ailleurs sont très-productifs et les plus propres à la culture du blé. Les habitans de ces contrées lui donnent le nom de *Hêtre rouge*, pour le distinguer de l'espèce précédemment décrite, qui y croît également.

Le *Fagus ferruginea* a plus de ressemblance avec le Hêtre d'Europe qu'avec le *Fagus sylvestris*. Il égale ce dernier en diamètre, mais il n'acquiert pas une aussi grande élévation. Ses branches sont beaucoup plus nombreuses et naissent plus près de terre, ce qui le rend très-rameux et fait paroître son feuillage plus touffu. Ses feuilles, quoique aussi bril-

Red Beech.

Fagus ferrugina.

lantes, sont un peu plus grandes, plus épaisses et bordées de dents très-saillantes Ses fruits ont la même forme, mais ils sont de moitié plus gros et hérissés de pointes plus nombreuses et plus fortes. Outre ces différences déjà assez notables, il en est une autre importante aux yeux des habitans, c'est que le Hêtre rouge a beaucoup plus de cœur ou de vrai bois; ainsi, dans des arbres qui ont 15 à 18 pouces (4 à 5 décimètres) de grosseur, on trouve seulement 3 à 4 pouces (1 centimètre) d'aubier et de 13 à 14 pouces (3 à 4 décim.) de cœur : proportion qui seroit inverse dans un Hêtre blanc d'un égal diamètre.

C'est de la couleur qu'a le cœur du bois de cet arbre, que lui est venu le nom de *Hêtre rouge*, et non de celle des feuilles, comme on pourroit le croire en Europe, où il existe, dans les jardins, une espèce de Hêtre dont on ignore l'origine, et dont le feuillage est d'un rouge terne et quelquefois pourpre.

Le bois du Hêtre rouge a le grain plus serré, et il est plus fort et plus résistant que celui du Hêtre blanc. C'est à cause de ces propriétés, qu'on le préfère, et surtout parce qu'ayant beaucoup de cœur ou de vrai bois, on peut en obtenir des pièces de fortes dimensions. Ainsi, dans le district de Maine, et plus au Nord, où le Chêne est très-rare, on se sert du bois de Hêtre rouge, après l'avoir débarrassé de tout son aubier, concurremment avec l'Erable à sucre et le Bouleau jaune, pour la charpente inférieure des navires, à quoi il convient parfaitement,

attendu que cette partie du navire reste continuellement submergée.

Le bois de Hêtre, très-sujet à être attaqué par les
vers et à pourrir promptement lorsqu'il est exposé
aux alternatives de la sécheresse et de l'humidité, est
rarement employé pour la construction des maisons,
même dans les campagnes; ce qui fait que, sous ce
rapport, son usage est très-borné.

Dans le district de Maine, on est obligé de se servir de jeunes Hêtres pour les cercles à barriques,
toutes les fois qu'on ne peut s'en procurer suffisamment, de Bouleau jaune et de Frêne noir; car les
jeunes Chênes blancs sont très - rares, et le pays ne
produit pas de Noyers Hickerys.

On apporte à Boston du bois de Hêtre rouge,
pour chauffage; mais sous ce rapport, il est moins
estimé que celui de l'Erable à sucre, dont le prix
est plus élevé. On en fait dans cette ville les formes
de souliers, les manches d'outils de menuisier, et les
cardes à carder la laine, parce qu'il n'est point sujet
à se tourmenter lorsqu'il est bien sec.

A Philadelphie, pour ces usages particuliers, l'on
fait venir le Hêtre rouge du haut de la rivière Hudson. Plusieurs ouvriers de cette ville, dont l'unique
occupation est de faire les manches de rabot de ce
bois, m'ont dit que celui du Hêtre d'Angleterre étoit
préférable, comme étant encore plus compacte et plus
solide; que cependant, on trouvoit quelquefois du
Hêtre rouge qui l'égaloit en qualité.

Du district de Maine et de la Nouvelle Brunswick,

on exporte en Angleterre du bois de Hêtre rouge, que l'on débite en planches épaisses d'environ trois pouces (9 centimètres). J'ignore à quel usage on l'y emploie; mais quelle qu'en soit la consommation, les forêts de cet arbre sont tellement étendues dans les pays que je viens de nommer, qu'elles pourront long-temps subvenir aux besoins du commerce.

La grande analogie qui existe entre le Hêtre rouge et le Hêtre d'Europe, par leur aspect, leur feuillage et la qualité de leur bois, m'engage à dire un mot des propriétés de celui-ci, de l'usage qu'on en fait dans les arts en Europe, et des moyens que l'on emploie pour en assurer la conservation dans les grandes constructions; présumant en cela être agréable aux habitans des diverses parties des Etats-Unis, où j'ai dit que le *Fagus ferruginea* étoit le plus abondant.

L'expérience paroît avoir appris que le Hêtre doit être coupé en été, lorsqu'il est en pleine séve, parce qu'on a observé que les arbres abattus dans cette saison, durent fort long-temps, et que ceux qui l'ont été durant l'hiver, se sont pourris en fort peu d'années. Lorsqu'ils auront été coupés, il faut les laisser en grume, les retourner de temps en temps, ensuite les façonner ou les priver de leur aubier, puis les jeter dans l'eau, soit en entier, soit après les avoir débités en planches plus ou moins épaisses; on les y laisse plusieurs mois. Mais quelques personnes prétendent cependant, qu'il suffit de les tenir enfoncés dans la vase pendant un espace de vingt semaines, et qu'alors le bois n'est plus sujet à la vermoulure.

Le Hêtre dure long-temps dans les lieux secs, et il est incorruptible sous l'eau ; mais il s'altère promptement, lorsqu'il est exposé aux alternatives de la sécheresse et de l'humidité.

En Europe, où l'on n'a pas, comme dans le Nord de l'Amérique, beaucoup d'espèces d'arbres telles que les différentes sortes de Bouleaux et d'Erables, dont les bois sont très-beaux et plus durables que celui du Hêtre, on est obligé de se servir de ce dernier d'une manière beaucoup plus générale: ainsi, débité en planches plus ou moins épaisses, les menuisiers en font des tables et des couchettes ; les tourneurs, des vis, des rouleaux, des pilons, des écuelles ; on en fait des sabots et des pelles à remuer les grains. Dans la reliure des livres, divisé en feuillets très-minces, il étoit autrefois employé au lieu de carton. Dans le Nord de la France, les charrons en font des jantes de roues.

Aux Monts-Pyrénées, dans la vallée de Saint-Jean-Pied-de-Port, les habitans en fabriquent des rames qui s'emploient dans tous les ports de mer de l'Océan. Ce bois est pliant et a du ressort, tant qu'il conserve un peu de séve. Cependant, je crois que pour ce dernier usage, rien n'égale le Frêne blanc dont on se sert dans tous les Etats-Unis. Comme bois de chauffage, le Hêtre est fort estimé, quoiqu'il dure peu au feu. Ses cendres contiennent beaucoup d'alkali.

Dans quelques cantons de la Belgique, et notamment près du village de Saint-Nicolas, entre Gand et Anvers, on en fait des haies très-solides et d'un très-bel effet. Ces haies sont faites avec de très-jeunes arbres, espacés de 7 à 8 pouces (21 à 24 centimètres), inclinés en sens opposé, et croisés les uns sur les autres, de manière à former des losanges de 4 à 6 pouces (12 à 18 centimètres). Ces jeunes plants, maintenus pendant les premières années au point d'intersection par une ligature d'osier, finissent en grossissant, par se greffer ou se souder à cet endroit. Le Hêtre qui souffre bien la taille au ciseau ou au croissant, et qui pousse moins de gourmands que beaucoup d'autres arbres, paroît très-bien remplir cet objet. Comme ces sortes de haies doivent offrir un grand degré d'intérêt à tous les cultivateurs des Etats du centre et du Nord des Etats – Unis, je rendrai compte, dans le résumé qui terminera cet ouvrage, des détails relatifs à leur confection.

Dans les départemens de la ci-devant Normandie, et principalement dans le pays de Caux, on borde et on entoure, avec des Hêtres, les fermes et les châteaux. Ces arbres placés sur la même ligne, à côté les uns des autres, et exposés à un air libre, croissent plus vite, s'élèvent beaucoup et prennent une superbe tige ; ils forment, dans les campagnes, des rideaux verts d'un aspect majestueux, qui annoncent et enclosent toujours un lieu habité.

Le Hêtre se multiplie facilement par ses graines, qu'on peut semer depuis le mois d'octobre jusqu'en février; la meilleure méthode est de les mettre en terre aussitôt que les fruits tombent, ou au moins dans les quinze premiers jours. Comme cet arbre souffre difficilement la transplantation , on peut le semer à demeure, après avoir bien labouré le terrain. Pour obtenir de beaux jets, et avoir des arbres bien droits et bien filés, on doit semer épais, éclaircir les jeunes plants, à mesure qu'ils s'élèvent, et les élaguer.

Si l'on veut semer le Hêtre pour former des pépinières, une petite pièce de terre suffira pour élever un grand nombre de sujets. Cet arbre aime l'ombrage dans sa jeunesse; il exige un terrain propre et net des mauvaises herbes. Aussitôt que les jeunes plants sont levés, et qu'on s'aperçoit qu'ils sont trop serrés, on ôte les plus forts, et on les transplante ailleurs. Une planche de semence produit, au bout de trois années, de très-beaux sujets qu'on pourra employer à former des haies.

De l'extraction de l'Huile de Faîne. *

Dans aucune des parties Méridionales des Etats-Unis, l'Olivier n'a encore été cultivé, et il me pa-

---

* Ce que je rapporte ici sur l'extraction de l'huile de Faîne, est en partie tiré d'une instruction, publiée en 1793, par ordre du Comité de Salut public ; ainsi que d'un Mémoire de M. Carlïer, Prévôt royal de Verberie , département de l'Oise, inséré dans le Journal de physique, Février 1781.

roît même fort douteux qu'il puisse jamais l'être
avec succès, pour fabriquer de l'huile de son fruit,
comme article de commerce. Les seuls terrains qui
pourront être les plus propres à sa végétation, sont
les îles situées sur les bords de la mer; mais, d'une
part, leur étendue est assez limitée, et de l'autre,
la culture de la belle qualité de coton qu'on y récolte, y sera long-temps plus lucrative. Ces diverses
considérations m'ont engagé à indiquer ici la manière, dont on extrait en Europe l'huile de Faîne. La
fabrication de cette huile, qui est très-bonne et reconnue la meilleure après celle d'olive, doit surtout
intéresser les habitans des Etats du Nord et de
l'Ouest, où j'ai dit que le Hêtre se trouvoit en corps
de forêts. En Allemagne et en France, on fabrique
beaucoup de cette huile. Dans une seule année, les
forêts d'Eu et de Crécy, département de la Somme,
ont donné plus d'un million de sacs de ces fruits.
En 1779, une portion de la Faîne recueillie dans la
forêt de Compiègne, peu éloignée de Verberie, département de l'Oise, a fourni plus d'huile qu'il n'en
faudroit aux habitans du pays pour un demi-siècle.
C'est un avantage trop sensible pour que les habitans de tous les pays, où croissent les différentes espèces de Hêtre, ne cherchent pas à en profiter.

Les graines de Hêtre, de forme triangulaire, sont
couvertes d'abord d'une peau coriace, ensuite d'une
pellicule mince fort adhérente à l'amande. Elles sont
toujours réunies deux à deux dans une coque légèrement épineuse, laquelle s'ouvre en quatre parties

à l'époque de la maturité, qui a lieu ordinairement vers le premier octobre.

Il faut cueillir la Faîne lorsqu'elle est bien mûre. On doit profiter de l'instant, car les pluies peuvent en faire perdre beaucoup. On la ramasse avec un balai, et on peut augmenter la récolte, en secouant les branches et en étendant, sous l'arbre, des toiles pour recevoir les fruits qui tombent. On les nettoie au moyen d'un van ou d'un talard.

Lorsque la Faîne aura été ramassée par un temps sec, et qu'elle aura été nettoiée, on la déposera dans des greniers ou dans quelque autre endroit que ce soit, sur des planches, pour qu'elle ne prenne pas l'humidité, ce qui est fort essentiel; et il faut, comme le blé, l'étendre et la remuer souvent à la pelle. De cette façon, la Faîne se sèche infailliblement, et elle est beaucoup meilleure que si elle étoit exposée subitement à l'ardeur du soleil. Cette remarque est fondée sur l'expérience. Une mesure de Faîne séchée à l'ombre, rend plus d'huile, que pareille quantité séchée au soleil.

La Faîne ne contient beaucoup d'huile, que lorsqu'elle a atteint sa parfaite maturité. Le temps le plus favorable pour extraire l'huile, est depuis la fin de novembre jusqu'à la fin de mars ; plutôt, la Faîne ne seroit pas assez faite; plus tard la chaleur altéreroit la graine et l'huile.

Ordinairement, on extrait l'huile sans enlever l'enveloppe coriace qui couvre l'amande, ce qui diminue la quantité d'huile d'environ un septième. Il seroit

donc plus avantageux de l'écorcer. Le meilleur moyen
pour y parvenir, seroit de faire passer la Faîne entre
les meules d'un moulin, qu'on écarte de manière
qu'il n'y ait que l'écorce d'attaquée. La Faîne ainsi
écorcée, doit être employée promptement, et on la
réduit en pâte au moyen d'une meule disposée verticalement, ou par l'action de moulins à pilons. Ces
pilons agissent dans des creux ou cavités formés, dans
une pièce de bois; plus leurs coups sont forts et fré-
quens, plus la pâte s'échauffe et rend l'huile susceptible de s'altérer; c'est une des raisons pour lesquelles,
quand on s'aperçoit que la Faîne, en se broyant,
devient trop sèche, on doit ajouter une petite quantité d'eau. On laisse reposer la pâte pour qu'elle
s'en imbibe, et on recommence à piler. La vraie
proportion d'eau est d'environ une livre sur quinze
de Faîne. La Faîne doit rester environ un quart-d'heure
sous l'action du pilon, et elle est assez pilée, lorsqu'en pressant fortement la pâte dans la main, on
aperçoit l'huile disposée à en sortir.

La pâte sortant des cavités ou de dessous la meule,
est soumise à la presse; il faut en ménager insensi-
blement, l'action pour donner le temps à l'huile de
s'égoutter; trois heures sont à peine suffisantes, quand
les presses sont foibles. On se sert ordinairement de
celle à coins, pour opérer une seconde pression.
Avant d'y procéder, on pulvérise la pâte, on la fait
chauffer dans des vaisseaux convenables, on y ajoute
de l'eau en moindre quantité que pour la première
expression et on la remue pour qu'elle ne brûle pas :

la chaleur qu'on lui fait éprouver, doit être modérée.

Indépendamment de la presse, il faut, pour compléter l'opération du pressurage, des sacs pour renfermer la pâte ou la farine, et des vases pour recevoir l'huile. Les sacs destinés à contenir la farine, peuvent être cousus en partie, ou être fermés chacun par un morceau d'étoffe assez grand, pour que ses bords repliés en tous sens, puissent contenir la pâte ou farine d'une manière solide. Pour arranger la pâte facilement au milieu du morceau d'étoffe, on pose sur celui-ci, un cadre de bois de trois à quatre pouces d'épaisseur, assez grand pour contenir quatre à cinq livres de pâte. On la moule dans ce cadre, en appuyant dessus avec une planche; on retire le cadre et on relève les bords du morceau d'étoffe, pour envelopper la pâte ou farine; les sacs ou étoffes peuvent être en toile très-forte, en laine, ou ce qui est préférable, en crin beaucoup plus résistant et bien plus facile à nettoyer. La Faîne, par les meilleurs procédés, rend, à peu près, le sixième de son poids d'huile.

La bonne qualité de l'huile dépend du soin qu'on a apporté dans son extraction, et de la netteté des vaisseaux dans lesquels elle est gardée : elle a alors la propriété de se mieux conserver qu'aucune autre. Les trois premiers mois, on doit la soutirer deux fois, toujours avant de la remuer; au bout de six mois, on peut la soutirer une troisième fois, car elle n'acquiert toute sa qualité que lorsqu'elle est parfaitement claire, et seulement quelques mois après son extraction ; alors,

elle rancit rarement, et plus elle est gardée, plus elle
est bienfaisante; elle peut se conserver dix ans dans
toute sa vertu.

PLANCHE IX.

*Rameau représentant les feuilles et le fruit de grandeur na-
turelle. Fig. 1, graine hors de son enveloppe.*

CHAMÆROPS *PALMETO.*

THE CABBAGE TREE.

(Hexandrie trigynie LINN. Ord. des Palmiers. JUSS.)

C HAM ÆR O P S *palmeto , caule arboreo : frondibus palmatis, plicatis ; stipitibus non aculeatis.*

La haute élévation à laquelle parvient ce grand végétal, l'a toujours fait considérer comme un arbre, par les habitans des Etats-Unis qui demeurent le long des côtes de l'Océan, où il croît; et ils lui ont donné le nom de *Cabbage tree*, Chou Palmiste. Ce Palmier est, de toutes les espèces américaines qui appartiennent au même genre, celle qui existe le plus avant vers le Nord; car on commence à la trouver aux environs du Cap Hatras, dans la Caroline Septentrionale, situé par le 34e degré de latitude, dont la température en hiver, est semblable à celle qu'on éprouve en Europe sous le 44e. A partir de l'endroit que j'ai indiqué, on trouve le Chou Palmiste sur toutes les côtes de l'Océan, jusqu'à la pointe de la Floride Orientale, et très-probablement aussi dans tout le pourtour du golfe du Mexique. Je ne doute pas non plus qu'il n'existe aux îles de Bahama, et dans celle de Cuba; car je l'ai vu aux Bermudes, quoique ces îles soient éloignées de plus de 200 lieues, des côtes de l'Amérique Septentrionale.

Quoique ce Palmier paroisse dans le territoire des Etats-Unis, confiné immédiatement aux rivages de la mer, on le trouve cependant plus au Midi, à une cer-

Cabbage Tree.
Chamærops palmetto.

taine distance dans les terres ; car j'en ai fait abattre deux pieds à environ 40 à 50 milles de la mer, sur les bords de la rivière Saint-Jean en Floride, à quel-milles au-dessus du lac George.

Une tige haute de 40 à 50 pieds, parfaitement droite, et d'un même diamètre dans toute sa lon-gueur, couronnée par une cime touffue et très-régu-lière, donne à ce végétal une apparence très-belle et très-majestueuse. Les feuilles qui sont palmées et d'un vert luisant, sont portées sur des pétioles presque triangulaires, longs de 18 à 24 pouces, (5 à 7 déci-mètres) et unis sur leurs bords. Quelques-unes de ces feuilles varient en grandeur, depuis 1 pied (33 cen-timètres) jusqu'à 5 (1 mètre, 8 décimètres) en tout sens; les plus grandes sont placées à la circonférence de la cime, et les plus petites, près du centre. Avant de se développer, les feuilles sont plissées sur elles-mêmes, à-peu-près comme un éventail qui seroit fermé : très-serrées les unes contre les autres, elles forment alors un faisceau de 8 à 10 pouces (2 à 3 décimètres) de long. Il paroît qu'en se développant, elles occasionnent de proche en proche, sur celles qui sont les plus extérieures, une certaine pression qui force celles-ci à se détacher ou à se rompre près de leur naissance, et à tomber d'elles-mêmes; et il ne reste plus que leur base, entourée de filamens, en-trelacés les uns dans les autres, formant comme une toile très-grossière et très-claire, de couleur rousse.

La base de ce faisceau, formé des feuilles non en-core développées et des feuilles plus petites qui l'avoisinent, est blanche, compacte, et cependant assez tendre, lorsqu'elle n'a pas encore été exposée à la lumière. Mangée avec de l'huile, du vinaigre et du sel, elle participe de la saveur du chou et de l'artichaut, d'où lui est venu le nom de Chou Palmiste. Abattre un végétal qui a été 80 à 100 ans à croître, pour obtenir 3 ou 4 onces d'une substance médiocrement agréable et peu nourrissante, n'est tout au plus pardonnable que dans des déserts qui, de long-temps encore, ne seront *habités* : ainsi en agissoient les premiers colons du Kentucky et du Tennessée, qui tuoient un bison pesant 12 à 1500, pour avoir le seul plaisir d'en manger la langue, et abandonnoient le reste à la voracité des animaux sauvages.

Le Chou Palmiste porte de longues grappes de petites fleurs verdâtres, qui sont remplacées par des fruits noirs, de la grosseur d'un pois, et qui ne sont pas mangeables.

La tige de ce Palmier, quoique très-spongieuse, est employée préférablement à toutes les autres espèces de bois, pour la construction des quais dans les ports de mer des Etats Méridionaux ; car les tiges de cet arbre ont le précieux avantage de n'être pas attaquées par les vers de mer qui, dans les latitudes méridionales, causent pendant l'été, de grands dommages à toutes les constructions maritimes ; néanmoins, lorsqu'elles sont exposées par suite des hautes et basses marées aux alternatives de l'humidité et de la sécheresse, elles se détériorent aussi promptement que toutes les autres espèces de bois. La seule consommation que l'on fait du Chou Palmiste pour la construction de nouveaux quais, et l'entretien des anciens, accélère rapidement sa destruction ; et je pense que le moment n'est pas éloigné, où ce végétal cessera d'exister dans les limites actuelles des Etats-Unis.

Dans le cours de la guerre de l'indépendance Américaine, quelques forts avoient été, en grande partie, construits avec des tronçons de ce Palmier; les boulets qui venoient frapper contre, entroient sans faire d'éclats, et l'orifice du trou se resserroit sur luimême : il en est résulté que ce genre de construction répond très-bien au but qu'on s'étoit proposé.

Tels sont les renseignemens que je puis donner sur cette espèce de Palmier, dont la croissance très-lente s'opposera toujours aux tentatives que l'on fera pour le multiplier; il y auroit, d'ailleurs, bien plus d'avantage à cultiver le Dattier dont le fruit, si abondant et si nourrissant, constitue une grande partie de la nourriture des Arabes; et si les deux Florides sont destinées, comme il y a lieu de le croire, à agrandir le territoire des Etats-Unis, ce végétal devra certainement attirer l'attention des habitans de ces nouvelles provinces. Sa réussite est indubitable, à cause de l'analogie de la température, et elle est encore prouvée par la végétation d'un seul individu qui existe probablement encore, dans l'île Sainta-Anastasia, située vis-à-vis de la ville de Saint-Augustin. Ce Dattier que j'ai vu en 1788, pouvoit avoir 25 pieds (8 mètres) de haut, et quoique le sol où il étoit planté, fût sec et aride, il poussoit avec vigueur.

Le développement et l'accroissement des Palmiers ont été le sujet de discussions entre plusieurs savans distingués, dont les opinions sont consignées dans des mémoires intéressans qu'ils ont publiés; j'y renvoye ceux de mes lecteurs qui désireroient les connaître.

PLANCHE X.

Palmier avec ses fruits.

American Holly.
Ilex opaca.

ILEX *OPACA.*

AMERICAN HOLLY.

(Diœcie tetrandrie.)

ILEX *opaca, foliis ovalibus, rigidè patulèque dentatò-spinosis ; fructibus ovoïdeis, rubris.*

Parmi les diverses espèces de Houx qui existent dans l'Amérique Septentrionale, je me bornerai à faire connoître celle-ci, parce qu'elle est la seule qui, quelquefois, parvienne à une grande hauteur, et que son bois est employé dans les arts. Par-tout où elle croît dans les Etats-Unis, elle est désignée sous le seul nom d'*American Holly*, Houx d'Amérique. Je ne puis indiquer, avec autant de précision que je l'ai fait pour plusieurs autres espèces d'arbres, où celui-ci commence à se montrer vers le Nord. Je ne crois pas, cependant, que dans cette direction, il se trouve beaucoup au-delà de l'île Longue, située près de New-York ; bien qu'il soit déjà fort commun dans le Bas-Jersey, qui en est peu éloigné. On retrouve ensuite le Houx d'Amérique dans tous les Etats qui sont plus au Sud, ainsi que dans les Florides et la Basse-Louisiane. Il croît aussi dans l'Ouest-Tennessée. On remarque encore qu'il devient plus rare, à mesure qu'on approche des montagnes. Sur le Eastern Shore, dans le Maryland ; et dans quelques parties de la Virginie, comme à peu de distance de Richemond, où cet arbre est particulièrement fort commun, il vient presque exclusivement dans les situations

découvertes où le sol est sec et graveleux; tandis que,
dans la Caroline Méridionale, la Géorgie et la Basse-
Louisiane, on ne le voit que dans les lieux ombragés,
le long des marais, où le terrain est frais et de bonne
qualité; aussi, sa végétation y est elle si vigoureuse, qu'il
acquiert jusqu'à 40 pieds (13 mètres) de hauteur,
sur 12 à 15 pouces (36 à 45 centimètres) de diamètre.

Le Houx d'Amérique, par son port pyramidal,
son feuillage toujours vert et brillant, a la plus grande
ressemblance avec l'espèce Européenne, *Ilex aquifolium*. Ses feuilles offrent seulement cette légère différence, qu'elles sont moins contournées, moins ar-
mées de piquants, et que le vert n'en est pas aussi
foncé. Ses fleurs, également de couleur blanche,
sont petites et peu apparentes. Il leur succède
des baies rouges, ordinairement très-nombreuses, et
qui restent long-temps attachées aux branches. Dans
les vieux arbres, le tronc est couvert d'une écorce
unie et d'un gris blanc, tandis qu'elle est verte et luisante dans les jeunes branches.

Le bois du Houx d'Amérique est très-semblable à
celui d'Europe *Ilex aquifolium ;* comme lui, il est
pesant, compacte, et son aubier est d'une grande blancheur ; le cœur a aussi une teinte brune. Son grain,
qui est très-serré et très-fin, le rend susceptible de
prendre un très-beau poli. Son principal usage est de
servir aux ébénistes, pour faire les lignes blanches et
les écussons, dont ils décorent les meubles d'acajou.
Les lignes noires qu'on voit souvent sur les meubles, dans la même vue , sont aussi en Houx qui

a été teint dans la chaudière des chapeliers ; car ce bois a la propriété de bien prendre la couleur noire. Comme il se tourne très-bien, les tourneurs en font des vis légères et de petites boîtes qui servent aux apothicaires à mettre des opiats. Lorsque le bois de Houx est bien sec, il est très-dur et très-résistant, et c'est le meilleur qu'on pourroit employer pour faire la noix des poulies, dont on se sert à bord des vaisseaux; mais le Gayac qu'on se procure facilement et à bas prix des Colonies occidentales, est encore très-préférable pour cet usage.

La meilleure glu, dont on se sert en Europe, pour prendre les oiseaux, se fait avec l'écorce intérieure du Houx : comme il n'y a pas de doute que celle de l'espèce américaine, ne puisse également y être propre, voici le procédé qu'on suit pour la fabriquer : on prend la deuxième écorce, on la pile bien, pour en faire une pâte que l'on met ensuite pourrir à la cave, dans un pot qu'on y enterre, lorsque cette pâte a suffisamment fermenté, on la lave et on en retire les filamens ligneux; après quoi on la conserve dans un vase bien clos, après y avoir ajouté un peu d'huile. Cette substance est verte, très-molle, et très-gluante; elle se condense par le froid et se ramollit à la chaleur.

On a tenté souvent, avec succès, de faire des haies en Houx, qui sont très-touffues, et qui de plus, ont l'agrément de conserver leur feuillage toujours vert dans toutes les saisons de l'année; mais on a trouvé en Europe, que l'Epine et l'Acacia même, offroient plus d'avantage, surtout s'il étoit nécessaire, comme dans les

Etats-Unis, d'enclore de grandes étendues de terrains, où les grains sont cultivés. Les graines de Houx, d'Epines et de Cornouillers, sont 2 et 3 ans à lever; mais on m'a assuré qu'on pouvoit déterminer leur germination dès la première année, par le moyen suivant, qui est fort simple : il consiste, après avoir récolté les graines, qui sont à maturité vers la fin de l'automne, à les dépouiller d'abord de la pulpe qui les enveloppe, en les froissant dans l'eau ; puis à les mettre, avec une petite quantité de terre dans une caisse qu'on tient à la cave, pendant tout l'hiver. On doit avoir soin de tenir la terre, humide en l'arrosant de temps à autre, ce qui détermine leur gonflement. Dès que les chaleurs commencent à se faire sentir, on les sème en place. Les baies de Houx sont purgatives, et même excitent le vomissement, prises au nombre de 15 ou 20; mais il y a tant de médicamens, dont les effets sont mieux connus et plus certains, qu'on doit les préférer. Aussi, les meilleurs auteurs de matière médicale paroissent-ils, avec raison, faire peu de cas des ressources, que ce végétal semble offrir à la médecine.

Tels sont les résultats des observations que j'ai faites, et des renseignemens que j'ai obtenus sur le Houx d'Amérique, dont la culture n'offre aucun avantage qui doive le faire préférer à l'espèce de l'ancien continent, *Ilex aquifolium*.

PLANCHE XI.

Rameau représentant les feuilles et les fruits de grandeur naturelle.

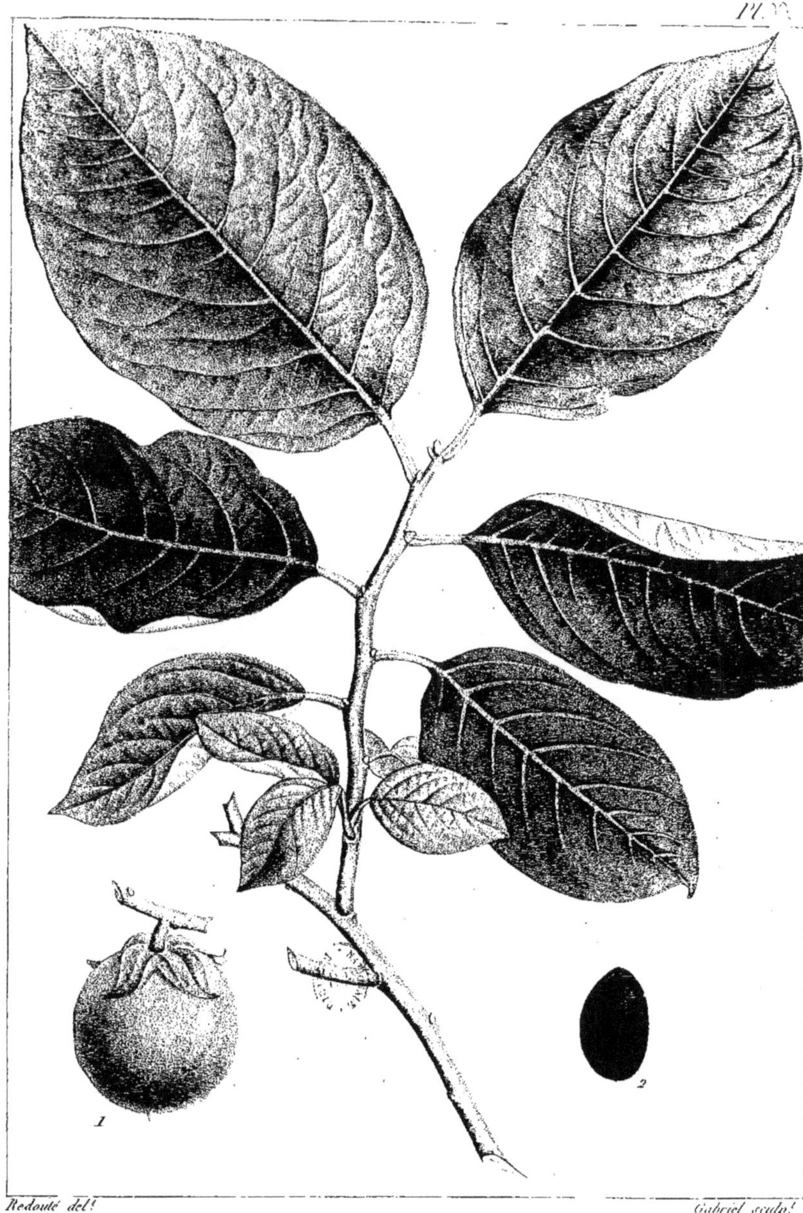

Persimon.

Diospiros Virginiana.

DIOSPYROS *VIRGINIANA.*

(Polygamie diœcie , LINN.)

DIOSPYROS *virginiana , foliis longè petiolatis , oblongo-ovalibus , acuminatis , subtùs pubescentibus.*

Les bords de la rivière Connecticut , au-dessous du 42ᵉ degré de latitude , peuvent être considérés comme les limites , vers le Nord, où se trouve cet arbre; mais il y est rare, à cause de la rigueur des froids qu'on éprouve en hiver; tandis que, dans cette portion du New-Jersey qui avoisine New-Yorck, il est, au contraire, assez commun, quoiqu'il n'y soit pas encore aussi multiplié que dans la Pensylvanie , le Maryland, la Virginie, ainsi que dans les Etats Méridionaux et la Haute et Basse-Louisiane. Il est également très-abondant dans les forêts des Etats de l'Ouest. Dans toutes les parties des Etats - Unis que je viens d'indiquer, cet arbre est connu sous le seul nom de *Persimon tree.* Les Français le nomment Plaqueminiers, et ses fruits, Plaquemines.

Le Plaqueminier varie singulièrement dans ses dimensions, relativement à la température du climat et à la qualité du sol dans lequel il croît. Ainsi, sur l'île Longue, près de New-Yorck et dans le New-Jersey, il s'élève de moitié moins que dans les Etats situés plus au Sud, où il acquiert jusqu'à 60 pieds (20 mètres) de hauteur, sur 18 à 20 pouces (5 à 6 décimètres) de diamètre, surtout si le terrain lui est favorable.

Les feuilles du Plaqueminier sont longues de 4 à 6 pouces, (12 à 18 centimètres), oblongues, entières, d'un beau vert en-dessus et un peu glauques ou blanchâtres en-dessous. En automne, elles sont fréquemment marquées de taches noires; on remarque aussi que les pousses terminales sont presque toujours accompagnées, à leur base, d'autres feuilles très-petites et de forme arrondie.

Cet arbre appartient à la classe des végétaux, dont les deux sexes sont sur des individus différens, il s'ensuit qu'il n'y a que les pieds portant des fleurs femelles, qui produisent des fruits. Les fleurs mâles et les fleurs femelles sont de couleur verdâtre et peu apparentes; à ces dernières, succèdent des fruits charnus, arrondis et qui renferment 6 ou 8 noyaux demi-elliptiques, légèrement renflés sur les côtés et de couleur puce. Les fruits, à l'époque de leur maturité, sont de la grosseur du pouce, et leur couleur est rougeâtre; cependant, ils ne sont mangeables qu'après avoir supporté les deux ou trois premières gelées, qui les rident, les amollissent et rendent la substance pulpeuse qui les compose, douce et agréable au goût; au lieu qu'auparavant, ils sont très-durs et d'une âpreté extrême. La fructification du Diospyros est toujours fort abondante. Peaucoup d'arbres en Virginie et dans les Etats Méridionaux, donnent plusieurs minots de fruits; j'en ai même trouvé dans le New-Jersey, qui, quoiqu'ils n'eussent que 7 à 8 pieds (3 à 4 mètres) de hauteur, en étoient tellement chargés, que les bran-

ches plioient jusqu'à terre. Dans les Etats Méridionaux, ces fruits restent une partie de l'hiver suspendus aux arbres, long-temps après qu'ils sont dé-
pouillés de leurs feuilles; et à mesure qu'ils tombent,
ils sont recherchés avidement par les animaux sauvages et domestiques. En Virginie, dans les Carolines
et dans les Etats de l'Ouest, quelques personnes les
ramassent, et après les avoir pétris avec du son, ils
en forment des gâteaux qu'ils font sécher au four.
Ces gâteaux délayés dans l'eau tiède, servent à
faire de la bière, en y ajoutant du houblon et du
levain, pour faire fermenter la liqueur. On a réussi, il
y a déjà long-temps, à tirer de l'eau-de-vie de ces
mêmes fruits, en distillant le liquide dans lequel
on les écrase, et qu'on a fait préalablement fermenter.
Cette eau-de-vie est, dit-on, fort bonne, lorsquelle a
vieilli. Néanmoins, on ne tirera jamais parti du fruit
de cet arbre, pour en faire de la bière et de l'eau-de-vie,
comme article de commerce; car, dans les pays où il est
le plus commun, il n'y a qu'un très-petit nombre de
fermiers qui en fabriquent tout au plus pour les
besoins de leur famille, parce qu'ils ont infiniment
plus d'avantage à cultiver dans cette même vue, le
pêcher et le pommier, dont la végétation est beaucoup
plus rapide que celle du Plaqueminier, et dont les
produits sont bien plus considérables.

Le tronc des gros Diospyros est couvert d'une écorce
très-crevassée et noirâtre; son aubier même, après qu'il
est desseché, conserve une légère teinte verdâtre,
qui est encore plus sensible lorsqu'il est nouvellement

débité; le cœur est de couleur brune; le bois est dur, compacte, et paroît doué d'un assez grand degré de force et d'élasticité. Quelques personnes m'ont cependant dit qu'il étoit sujet à s'éclater. A Baltimore les tourneurs en font de grosses vis, et les ferblantiers des maillets. A Philadelphie, on en fait des formes de souliers qui sont aussi bonnes que celles de Hètre, dont on les fabrique ordinairement. Dans la Caroline, les Nègres le préfèrent souvent à cause de sa dureté, pour en faire des masses, dont ils se servent, avec des coins de fer, pour fendre les arbres qu'ils abattent. Plusieurs carrossiers de Charleston S. C. m'ont assuré que, quelquefois, ils l'employoient pour des brancards de cabriolets; qu'après le bois de Lance, importé des Colonies, il étoit le meilleur, et bien préférable au Frêne, et que, si on ne s'en servoit pas plus fréquemment pour cet usage, c'est qu'on ne pouvoit que difficilement se procurer des brins qui y fussent propres. En effet, quoique cet arbre soit très-commun dans les bois, on en rencontre rarement des individus qui aient de fortes dimensions.

Tels sont les renseignemens que j'ai obtenus sur les usages du bois du Diospyros. Les propriétés physiques dont il jouit, ne paroissent pas encore bien déterminées, et ne sont pas généralement avouées; cependant, elles sont de nature à fixer l'attention des personnes qui se livreront, plus que je ne l'ai pu faire, à l'étude pratique des bois des Etats-Unis.

Plusieurs fermiers de la Virginie m'ont dit avoir remarqué que l'herbe étoit toujours plus haute et plus épaisse sous les Diospyros que sous les autres arbres : la raison qu'ils en donnent, c'est que ses feuilles pourrissent promptement après leur chûte, et forment un bon engrais. Dans un ancien ouvrage périodique, publié à Philadelphie, j'ai trouvé que le gouvernement anglais offrit, pendant le cours des années 1762 et 1763, une prime de 20 livres sterlings pour chaque quantité de gomme de Diospyros, égale à 50 livres pesant, qui seroit ramassée dans les colonies anglaises de l'Amérique. Cet arbre exsude en effet de la gomme ; mais la quantité en est si petite, que, sur plusieurs centaines de pieds que j'ai visités, depuis que j'ai eu connoissance de ce fait, je n'ai pas pu en recueillir plus de 2 gros, aux endroits où l'écorce avoit été lacérée ; ce qui prouve que probablement, on avoit eu en Angleterre de faux renseignemens à ce sujet. Cette gomme est inodore, insipide, et d'une couleur verdâtre.

Breckel, dans l'Histoire de la Caroline du Nord, rapporte que l'écorce intérieure (*liber*) du Plaqueminier étoit employée avec succès, pour guérir les fièvres intermittentes. C'est un fait à vérifier ; car je n'ai pas eu occasion de m'en assurer, ni même d'obtenir des renseignemens des personnes qui en aient fait usage. Ce qui, cependant, pourroit donner quelque vraisemblance à cette opinion, c'est que cette écorce est d'une grande amertume.

C'est avec raison que les habitants de la Virginie et des Etats plus au Sud, n'ont pas abattu, et conservent encore les Plaqueminiers qui se trouvent naturellement dans les forêts qu'ils défrichent; car son fruit est toujours abondant et d'un goût agréable après la gelée; et il n'y a pas de doute que par une culture soignée, on ne parvienne à en augmenter, et à en doubler même la grosseur. Comme je l'ai déjà dit, cet arbre est dioïque; ainsi, pour s'assurer d'avoir des individus femelles, on devra prendre des greffes ou des drageons de ces mêmes individus. Les racines de cet arbre tracent beaucoup et produisent un grand nombre de rejetons.

Le Plaqueminier vient très-bien en pleine terre dans le climat de Paris, il y donne même des fruits; mais il réussira encore mieux plus au midi. Il est un des arbres dont on doit recommander la propagation, tant à cause de ses fruits, que parce que son bois est de bonne qualité, et qu'il pourra s'employer avantageusement dans les arts.

Observation. — M. le docteur B. S. Barton, professeur de matière médicale et de botanique à l'Université de Pensylvanie, pense que le Plaqueminier, qui croît dans la Caroline et la Virginie, est une espèce distincte de celle qu'on trouve dans le New-Jersey et plus au Nord. Il fonde son opinion sur ce que, dans le premier, les feuilles sont légèrement velues en-dessous; que les fruits sont de moitié moins gros, et que les noyaux sont parfaitement plats, tandis qu'ils sont renflés dans l'autre. Quoique je sois assez disposé à partager cette opinion, cependant je ne puis encore l'adopter entièrement; et cela, parce que j'ai toujours considéré cette force de végétation comme due à l'influence d'une température beaucoup plus moderée : influence qui, comme j'ai eu souvent occasion de le remarquer, produit un développement extraordinaire dans beaucoup d'autres végétaux, qui appartiennent également aux différentes parties des Etats-Unis. Au reste, je laisse cette difficulté à éclaircir aux botanistes consommés, attendu que ces deux variétés ont le même aspect, et que leur bois et leur fruit, jouissent des mêmes propriétés.

PLANCHE XII.

Rameau représentant les feuilles de grandeur naturelle. Fig. 1, fruit de grandeur naturelle. Fig. 2, graine.

LES ÉRABLES.

Les arbres qui appartiennent à ce genre, constituent une série d'espèces assez nombreuses, qui paroît même devoir s'accroître par les recherches ultérieures des Botanistes, surtout dans le continent de l'Amérique Septentrionale. Les Erables, pour la plupart, parviennent à une grande hauteur et sont d'une belle végétation ; un de leurs principaux caractères est d'avoir les feuilles opposées et partagées en plusieurs lobes très-distincts. Suceptibles de supporter un degré de froid très-considérable, ils forment, dans le nord de l'ancien et du nouveau continent, de grandes forêts, qui, avec celles de Hêtres, semblent succéder aux forêts de Sapins, de Mélèses et de Pins, et précéder celles de Chênes et de Châtaigniers, etc. ; au moins telle m'a paru être en Amérique, entre les 46ᵉ et 43ᵉ degrés, la place que la nature a assignée au véritable Erable à sucre, *Acer saccharinum.*

Le nombre des diverses espèces d'Erables décrites jusqu'à présent, est de quatorze ; sept appartiennent à l'Europe, et sept à l'Amérique du Nord. Parmi celles-ci, je ne parlerai pas de l'*Acer montanum*, ni de l'*Acer coccineum*, qui, à cause de leur petite élévation, rentrent dans la classe des arbrisseaux. Ce dernier qui, jusqu'à présent a été confondu avec le véritable *Acer rubrum*, se trouve en très-grande abondance à la Nouvelle-Ecosse ; je l'ai également ob-

servé dans la partie supérieure du New-Hampshire,
et même aux portes de Boston. Il ne s'élève guère
au-dessus de 12 à 15 pieds (5 mèt.), et ses fleurs et
ses fruits sont aussi d'un rouge plus vif que ceux de
l'Erable rouge. L'Erable noir est une espèce très-
distincte de l'Erable à sucre, et il parvient à la
même élévation. J'ai vu dans la collection des
plantes sèches des capitaines Lewis et Clarke, rap-
portée par eux de leur voyage à la mer du Sud, une
très-belle espèce d'Erable qui croît sur la rivière
Columbia. Il résulte de ce court aperçu, qu'il existe
dans l'Amérique Septentrionale une plus grande
quantité d'espèces d'Erables qu'en Europe.

Le bois des Erables varie beaucoup sous le rapport de la qualité, suivant les espèces dont il est tiré :
ainsi il est difficile d'en parler collectivement : tout
ce que l'on peut dire, c'est qu'il est généralement
reconnu que ce bois n'est point propre aux grandes
constructions, parce qu'exposé aux injures du temps
il est susceptible de s'altérer assez promptement, et
qu'il est fort sujet à s'échauffer et à être attaqué par
les vers. Ces désavantages sont cependant balancés
en partie, par plusieurs propriétés utiles dans les arts
et même dans l'économie domestique. Je renvoie
donc sous ce rapport, à la description de chaque
espèce en particulier.

DISPOSITION MÉTHODIQUE
DES ÉRABLES
DE L'AMÉRIQUE SEPTENTRIONALE.

Polygamie dioecie. Linn. *Famille des Erables.* Juss.

Ire SECTION.

FLEURS SESSILES, FRUCTIFICATION PRINTANIÈRE.

1. Acer eriocarpum. . . *White maple.*
2. Acer rubrum. . . . *Red flowring maple.*

IIe SECTION.

FLEURS PÉDICULÉES, FRUCTIFICATION AUTOMNALE.

3. Acer saccharinum. . . *Sugar maple.*
4. Acer nigrum. . . . . *Black sugar tree.*
5. Acer striatum. . . . *Moose wood.*
6. Acer negundo. . . . *Box elder.*

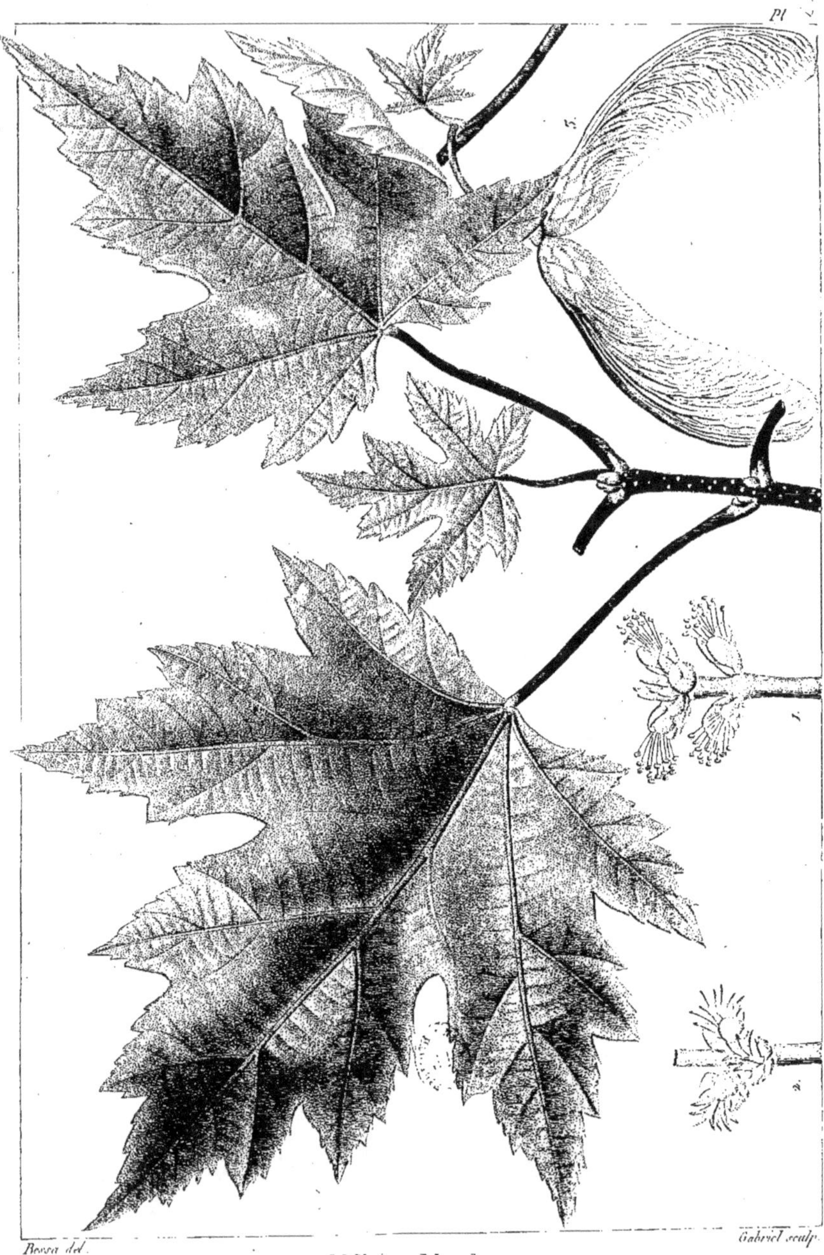

White Maple.

Acer eriocarpum.

ACER *ERIOCARPUM.*

WHITE MAPLE.

A c e r *eriocarpum, foliis oppositis, quinque lobis, pro-*
fundè sinuatis, inæqualiter dentatis, subtùs candidis-
simis : floribus pentandris, apetalis; germine tomen-
toso : capsulis pallidè-viridibus, alis amplissimis.

DANS la partie atlantique des Etats-Unis, cette
espèce est souvent confondue avec celle du véritable
Erable rouge, *Acer rubrum*, qui lui ressemble, et
elle porte la même dénomination : mais à l'ouest
des monts Alléghanys, ces deux espèces sont parfaitement distinguées, et les habitans ne donnent à
l'*Acer eriocarpum* que le nom de *White maple*,
Erable blanc.

Les bords de la rivière Sandy, dans le district de
Maine, et ceux de la Connecticut près de Windsor,
dans l'Etat de Vermont, sont les points les plus avancés vers le Nord, où j'ai trouvé cet Erable; mais,
comme dans beaucoup d'autres végétaux de ce pays,
les froids très-rigoureux qu'on éprouve en hiver
sous cette latitude, empêchent celui-ci de parvenir
à un aussi grand accroissement qu'à quelques degrés
plus au Sud. L'Erable blanc croît le long de toutes
les rivières qui, des montagnes, se rendent à l'Océan;
néanmoins, il est beaucoup plus rare dans le voisinage de celles qui traversent la partie méridionale
et maritime des deux Carolines et de la Géorgie,

mais dans aucune partie des Ftats-Unis, cet arbre
n'est plus multiplié que dans les contrées de l'ouest;
et nulle part, surtout, il n'acquiert un aussi grand
développement que sur les bords de l'Ohio et des
grandes rivières qui viennent s'y rendre. Là, tantôt
seul, tantôt mêlé avec le Saule, qui toujours en
oc̀cupe les rives, il contribue singulièrement à les
embellir par son feuillage magnifique, dont la blancheur éclatante en-dessous, offre un contraste frappant
avec le vert brillant de la surface supérieure; et ces
deux surfaces tour-à-tour réfléchies par les eaux,
ajoutent à la beauté de ce berceau mobile et mer-
veilleux, tableau enchanteur, qui, lors de mes
longues excursions en pirogue, dans ces silencieuses
solitudes, n'a jamais cessé d'être l'objet de mon
admiration. A partir de Pittsburgh, et même de quelques milles au-dessus de l'embouchure des rivières
Mononghahela et Alléghany, on ne cesse de rencontrer, à des distances très-rapprochées, des Erables
blancs qui ont de 12 à 15 pieds (4 à 5 mètres) de
circonférence, mais dont la tige, quoique très-peu
élevée, se divise néanmoins en un si grand nombre
de branches, tellement divergentes, que leur cîme
embrasse plus d'espace qu'aucun arbre que je connoisse. Ce qui me paroît fort digne de remarque,
c'est qu'on ne trouve jamais l'Erable blanc que sur
les bords des rivières dont les eaux sont limpides,
et qui coulent sur un fond de gravier, et jamais
dans les marais ou autres lieux humides qui sont
enclavés dans les forêts, et où le sol est noir et

bourbeux. Ces dernières situations paroissent, au contraire, tellement favorables au vrai Erable rouge *Acer rubrum*, que fréquemment, il les couvre à lui seul presque exclusivement. C'est par la même raison que cette dernière espèce est si commune dans les basses Carolines et la Géorgie, où l'Erable blanc disparoît dès que les rivières, qui descendent des montagnes vers l'Océan, arrivent dans le bas pays où leurs rives sont alors bordées de marais fangeux, couverts de forêts de *Cupressus disticha*, *de Nyssa aquatica*, *Nyssa grandidentata*, etc.

Les fleurs de l'Erable blanc paroissent de très-bonne heure au printemps; elles sont sessiles, petites et groupées le long des branches: les graines qui leur succèdent, sont légèrement teintes de rouge, et plus grandes que celles des autres espèces d'Erables des Etats-Unis. Dans la Pensylvanie, elles sont en maturité vers le 1er de mai, et un mois plutôt sur la rivière Savanah en Géorgie. A cette époque, les feuilles sont très-tomenteuses en-dessous, et n'ont encore acquis que la moitié de leur grandeur; mais, un mois plus tard, elles ont tout leur développement, et alors, elles sont entièrement glabres. Ces feuilles qui sont opposées, et portées sur de long pétioles, sont profondément découpées en quatre lobes, dentées sur leurs bords, d'un beau vert en-dessus, et d'une belle couleur blanche en-dessous; mais elles garnissent peu, et elles laissent passer aisément les rayons du soleil.

Le bois de l'Erable blanc a le grain fin, et il est

très-blanc ; il est aussi plus tendre et plus léger
que celui des autres espèces de ce genre qui croissent dans les Etats-Unis ; et l'on n'en fait presque
aucun usage, parce qu'il manque de force et qu'il
pourrit très-facilement ; l'on s'en sert quelquefois
cependant pour faire des écuelles de bois, lorsqu'on n'est pas à portée de se procurer du Tulipier.
A Pittsburgh, et dans les villes voisines, les ébénistes
l'emploient aussi en place de houx, qui ne croît
pas dans cette partie de la Pensylvanie, pour faire
les filets blancs dont ils décorent les meubles d'a-
cajou, de cerisier et de noyer. Mais il convient
moins à cet usage, parce qu'il est plus tendre et que
sa couleur blanche s'altère plus vîte : les chapeliers
de Pittsburgh préfèrent son charbon, pour chauffer
leurs cuves, comme donnant une chaleur plus uniforme et de plus longue durée. Quelques habitans
des bords de l'Ohio font du sucre avec la séve de
cet arbre, en suivant les mêmes procédés que l'on
emploie pour extraire celui du véritable Erable à
sucre ; mais, comme dans le véritable Erable
rouge, il faut le double de séve, pour obtenir la même quantité de sucre qui, dès la première
cuite, est aussi plus blanc et plus agréable. Comme
cet Erable entre en séve plutôt que l'Erable à sucre,
ceux qui s'occupent de son extraction, sont plus
promptement débarrassés de ce travail ; ce qui est
un avantage, attendu qu'il commence à entrer en
séve dès le 15 janvier. Le tissu cellulaire de son
écorce précipite rapidement en noir le sulfate de fer.

Partout où cet Erable abonde dans les Etats-Unis, il se trouve un grand nombre d'autres arbres dont le bois possède des qualités très-supérieures ; en sorte qu'il ne peut être pour les Américains que d'un intérêt très-secondaire, c'est du moins ce qui paroît déjà confirmé par les usages peu importans auxquels il est employé.

L'Erable blanc est très-répandu en Europe dans les pépinières, et dans les jardins d'agrément; sa végétation, extrêmement rapide, paroît faire concevoir quelqu'espérance qu'on pourra en tirer un parti avantageux ; car cette partie du monde est moins favorisée, sous le rapport de la diversité des espèces; mais dans tous les cas, on devra avoir attention, plus qu'on ne l'a fait jusqu'à présent, de le planter dans des terrains constamment frais , et même exposés à être souvent submergés ; alors on sera surpris de la végétation aussi belle que rapide de cet arbre.

PLANCHE XIII.

Rameau avec des feuilles de grandeur naturelle. Fig. 1 , fleurs mâles. Fig. 2 , fleurs femelles ; Fig. 3 , graine de grandeur naturelle.

ACER *RUBRUM.*

ACER *rubrum, foliis oppositis, trilobis, inæqualiter dentatis, subtùs glaucis; floribus rubris, aggregatis; germine glaberrimo; umbellis sessilibus; capsulis rubris, pedunculatis.*

On donne à cet arbre différens noms dans les États-Unis : à l'est des monts Alléghanys, on le nomme *Red flowring maple*, Érable à fleurs rouge ; *Swamp maple*, Érable des swamps ou des marais ; *Soft maple*, Érable tendre : et à l'ouest des montagnes, *Maple tree*, arbre d'Érable. De ces diverses dénominations, j'ai conservé la première, comme étant celle qui est la plus universellement usitée, et qui me paroît aussi la plus convenable, eu égard à la couleur des jeunes pousses, des fleurs et des fruits.

L'Erable rouge, vers le Nord, commence à paroître en Canada, aux environs de la Malebaye, située par le 48ᵉ degré de latitude ; mais il devient bientôt plus commun, à mesure qu'on avance vers le Sud, et il continue à se trouver abondamment jusqu'à l'extrémité de la Floride et de la Basse-Louisiane. Dans les Etats du centre et du midi, c'est de tous les arbres qui viennent aux lieux humides ou momentanément submergés, celui dont l'espèce est la plus multipliée ; car dans ces différens Etats,

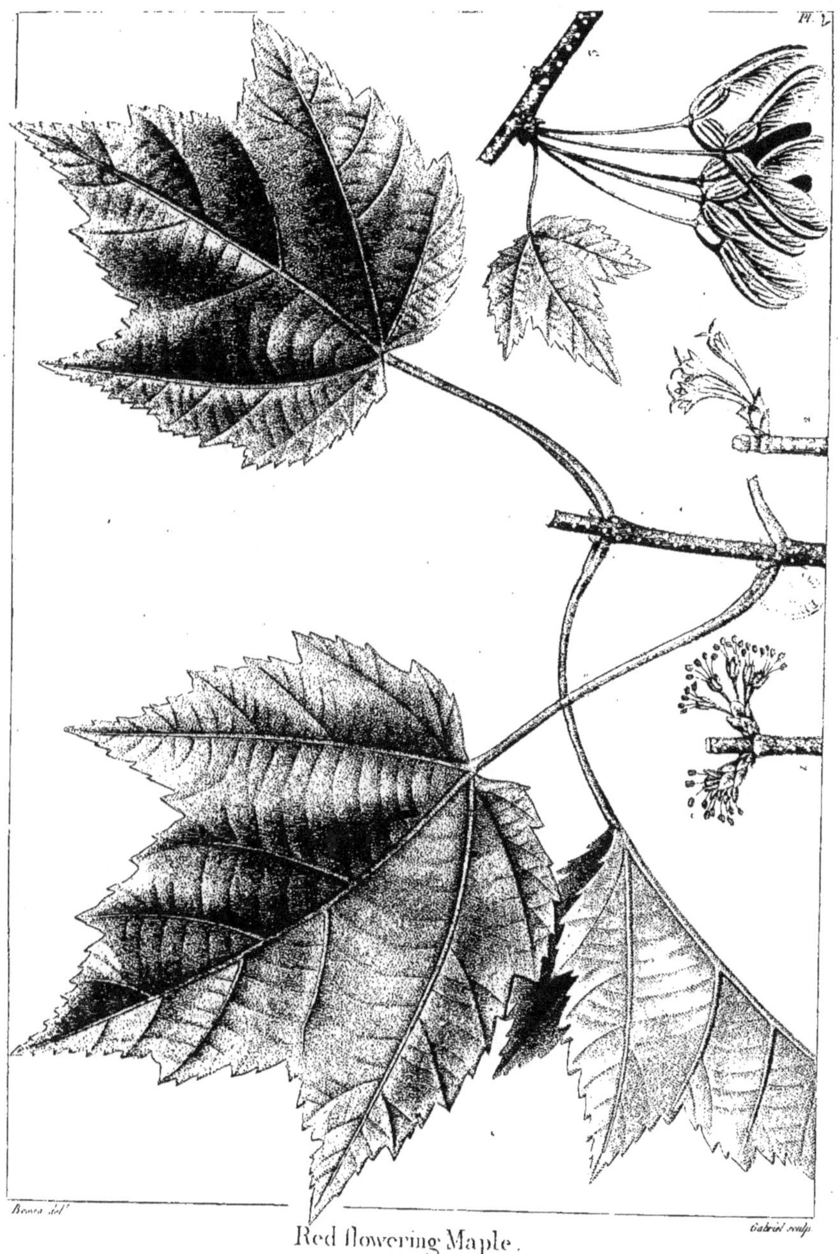

Red flowering Maple.

Acer rubrum.

il garnit toujours en grande proportion les bords
des criques, des ruisseaux, et tous les marais exposés à être souvent inondés, et dont le fond est
constamment vaseux. Les autres arbres, qui sont
alors mêlés avec lui, sont le *Nyssa aquatica*,
le *Liquidambar styraciflua*, le *Juglans squamosa*,
le *Quercus discolor*, le Frêne noir et le Frêne blanc;
et dans les Carolines et la Géorgie, le *Magnolia
glauca*, le *Quercus aquatica*, le *Gordonia lasyantus*,
le *Nyssa sylvatica* et le *Laurus caroliniensis*. Mais ce
qui m'a paru fort remarquable, c'est qu'à l'ouest
des Alléghanys, entre Brownswille et Pittsburg,
cet Erable croît dans les terreins élevés, parmi les
Chênes et les Noyers. Cependant, de toutes les parties des Etats-Unis où il se trouve, d'après mes remarques, il ne parvient nulle part à une plus haute
élévation, et n'acquiert un aussi grand diamètre
que dans la Pensylvanie et le New-Jersey, où l'on
trouve de vastes marais qui en sont exclusivement
couverts, et auxquels, à cause de cela, on donne
le nom de *Maple swamp's*, Marais d'Erables. Dans
de pareilles situations, il s'élève à environ 70 pieds
(23 mètres) sur 3 à 4 pieds (1 mètre à 1 mètre 3
décimètres) de diamètre.

L'Erable rouge est le premier arbre qui annonce
le retour du printemps, par l'épanouissement de ses
fleurs, qui a lieu du 10 au 15 avril dans les environs de New-York.

Ces fleurs sont d'un beau rouge foncé, et paroissent

plus de quinze jours avant que ses feuilles aient commencé à se développer. Aux fleurs, qui sont sessiles et groupées sur les petites branches supérieures, succèdent les graines, qui ont la même couleur, et dont la maturité, dans l'Etat de New-York, a lieu vers le premier de mai. Ces graines varient de grandeur et d'intensité, selon que les expositions sont plus ou moins favorables, et que le sol est plus ou moins humide. Elles sont suspendues à des filets déliés et flexibles, longs de 16 à 18 lignes (4 centimètres). Les sommités de cet Erable, dont un grand nombre de pieds se trouvent toujours réunis au même endroit, présentent un aspect assez remarquable, lorsqu'ils sont couverts de fleurs et de graines d'un rouge foncé, dans un moment où la végétation est généralement encore suspendue.

Avant que l'Erable rouge ait acquis 25 à 30 pieds (8 à 10 mètres) de hauteur, sur 7 à 8 pouces, (21 à 24 centimètres) de diamètre, son écorce est parfaitement lisse, et parsemée de larges taches blanches, ce qui suffit pour le faire reconnoître au premier aspect; mais ensuite elle brunit, et se fendille comme dans le Chêne, le Liquidambar, etc. Dans cet arbre, comme dans tous ceux qui croissent dans des lieux humides, l'aubier est proportionnément plus considérable que le cœur, si toutefois on peut appeler de ce dernier nom, l'espèce d'étoile irrégulière qui occupe le centre des gros arbres, dont la couleur est brune, et dont les pointes longues de 1,

2 et 3 pouces (3, 6 et 9 centimètres), s'enfoncent plus ou moins dans l'aubier.

L'Erable rouge offre un assez grand degré d'intérêt sous le rapport des usages auxquels son bois est employé dans les arts; car comparé à celui de l'Erable blanc, il a beaucoup plus de force, et le grain en est plus fin et plus serré, ce qui fait qu'il se tourne facilement, et qu'il est susceptible de prendre un beau poli, qui lui donne une apparence soyeuse et comme lustrée. Enfin, il possède le degré de solidité nécessaire à l'emploi qu'on a coutume d'en faire, et les ouvriers qui le mettent en œuvre ne lui substituent pas indifféremment toute autre espèce de bois. C'est surtout dans la fabrication des chaises, dites de Windsor, qu'il est le plus employé ; il en forme la charpente inférieure, composée des pieds et des bâtons transversaux. Ces pièces sont tournées à la campagne, et la consommation qu'on en fait est telle, qu'on en amène des bateaux chargés, à Philadelphie et à New-York, où il se fabrique une très-grande quantité de ces sortes de chaises, tant pour le pays, que pour l'exportation dans le midi des Etats-Unis, et les colonies des Indes occidentales. Dans les chaises qui sont à façon de lacque, toute la charpente est aussi de ce bois, à l'exception des baguettes qui forment le dos, lesquelles sont en noyer *Hickery*, comme plus fort et plus élastique; dans les rouets, on en fait la noix, les pieds et les raies de la roue. A Philadelphie, l'on s'en sert aussi exclusivement pour les bois de selle, et dans les campagnes on en fait

les jougs de bœufs, ainsi que des pelles et des sébiles qu'on apporte au marché, ou qui sont achetées par les personnes qui font le commerce de
boissellerie.

Il arrive quelquefois que dans les arbres très-
vieux, les fibres ligneuses, au lieu de s'élever perpen-
diculairement, décrivent des zig zags, ou des ondulations plus ou moins prononcées, ce qui fait donner à ces arbres, le nom de *Curled maple*, Érable
frisé. Cette disposition singulière dont je ne puis
assigner la cause, n'a jamais lieu dans les jeunes
individus, non plus que dans les branches secondaires de ceux dans lesquels elle se rencontre ; elle
est aussi beaucoup moins apparente dans le centre
que dans la circonférence. Les arbres qui en sont
affectés, sont très-rares, et ne sont peut-être pas dans
la proportion d'un centième. Cette altération dans
les fibres rend leur bois très - difficile à fendre et
même à travailler ; mais lorsqu'il est mis en œuvre
par un bon ouvrier, il présente des effets de lumière
magnifiques, qui seront encore plus frappans si,
après l'avoir poli avec un rabot à double fer, on le
frotte avec un peu d'acide sulfurique, et qu'on y passe
ensuite un peu d'huile de lin ; alors, si on l'examine
avec attention, on voit que les tons clairs et obscurs
sont dus entièrement à l'inflexion ou à la diffraction
des rayons lumineux ; ce qui sera plus sensible, si
la pièce ainsi préparée, est vue le soir à la lumière,
dans différentes directions.

Avant que l'Acajou fût devenu de mode dans tous

les Etats-Unis, comme il l'est actuellement en Europe,
les plus beaux meubles étoient faits du bois d'Erable
rouge; et encore actuellement, on en fabrique des montans de bois de lits, qui sont certainement plus écla-
tans et plus riches que s'ils étoient faits du plus bel
Acajou. A Boston, quelques ébénistes le débitent
en feuilles très-minces, et le plaquent sur les meubles de ce bois, pour ajouter à leur beauté. Mais l'u-
sage le plus constant qu'on en fait, est pour les mon-
tures de fusils de chasse et de carabines qui, à la
légèreté et à la beauté, réunissent la solidité due
à cette disposition accidentelle des fibres ligneuses.

Le tissu cellulaire de l'écorce de l'Erable rouge,
est d'un rouge terne : lorsqu'on la fait bouillir
seule, elle donne une couleur purpurine ; et en y
ajoutant du sulfate de fer, en différentes proportions, cette couleur devient d'un bleu foncé, et
même presque morne ; ce qui fait que dans les campagnes, on s'en sert pour teindre la laine en noir, en
y ajoutant une certaine quantité d'alun. Le bois de
cet arbre ne brûle bien que lorsqu'il a été coupé
long-temps d'avance ; il est néanmoins si peu estimé
comme combustible, qu'on en apporte rarement
dans les villes pour cet usage.

Les Français Canadiens fabriquent du sucre avec
la séve de cet Erable, auquel ils donnent le nom de
Plaine; mais, comme dans l'espèce précédemment
décrite, il en faut le double de celle qu'on tire du
véritable Erable à sucre, *Acer saccharinum,* pour
obtenir une pareille quantité de sucre.

Il est à remarquer que l'Erable rouge ne parvient jamais à sa plus grande grosseur, que dans les marais dont le fond est d'une nature très-fertile : marais qui lorsque la population se sera beaucoup accrue, seront défrichés, et soumis à un genre de culture qui, offrira des produits plus avantageux que de les laisser couverts de forêts, et notamment de l'espèce dont il est ici question ; car le bois de cet arbre n'est propre ni au charronnage, ni à aucune espèce de bonnes constructions, parce qu'il manque de force, qu'il est sujet à s'échauffer et à être attaqué par les vers, enfin qu'il pourrit promptement, lorsqu'il est exposé aux alternatives de la sécheresse et de l'humidité. Je pense donc que, quoi qu'il soit assez employé pour le présent, néanmoins les ressources qu'il offre aux arts, ne sont pas assez importantes pour engager à le conserver ; de manière qu'avec le temps, il ne peut manquer de devenir fort rare, car, lorsque l'époque sera arrivée, où dans les Etats-Unis, comme en Europe, il faudra renouveler ou entretenir les forêts qui auront échappé à la destruction, les forestiers américains ne trouveront pas dans ce bois des qualités assez précieuses, pour le laisser subsister de préférence à plusieurs espèces de Chênes, de Noyers et de Frênes, d'une utilité bien plus générale. D'ailleurs l'Erable à sucre qui vient dans les terrains élevés, et qui possède à un plus haut degré toutes les propriétés de l'Erable rouge, méritera à tous égards la préférence. Ces considérations me font croire que l'Erable rouge n'a aucun droit à être introduit dans les forêts européennes, quoiqu'il vienne très-bien en France, où sa végétation est cependant beaucoup moins accélérée que celle de l'Érable blanc, *Acer eriocarpum.*

PLANCHE XIV.

Rameau représentant les feuilles de grandeur naturelle. Fig. 1, fleurs mâles. Fig. 2, fleurs femelles. Fig. 3, graines de grandeur naturelle.

ACER *SACCHARINUM.*

SUGAR MAPLE.

A c e r *saccharinum , foliis quinque-partitò-palmatis , glabris , margine integris , subtùs glaucis ; floribus pedunculatis , pendentibus.*

Cette espèce d'Erable, la plus intéressante de toutes celles qui croissent dans les Etats-Unis, par les produits qu'on en retire, est désignée par les différens noms de *Rock maple*, Erable des rochers ; de *Hard maple*, Erable dur ; et de *Sugar maple*, Erable à sucre.

Quoique le premier de ces noms soit généralement plus usité, j'ai cru néanmoins devoir conserver, de préférence, celui de *Sugar maple*, Erable à sucre, parce qu'il indique une des propriétés les plus précieuses de cet arbre.

D'après les recherches de mon père sur la topographie des plantes de l'Amérique Septentrionale, l'Erable à sucre commence à paroître un peu au nord du lac Saint-Jean en Canada, vers le 48ᵉ deg. de latitude, qui peut correspondre en Europe au 68ᵉ deg., si l'on compare les froids rigoureux qu'on éprouve en Amérique sous la première latitude, à ceux qui se font sentir en Europe sous la seconde. Mais cet arbre n'est nulle part plus abondant qu'entre les 43ᵉ et 46ᵉ degrés, intervalle qui comprend le Canada, les provinces de la Nouvelle-Brunswick et de la Nouvelle-Ecosse,

Sugar Maple.
Acer saccharinum.

les États de Vermont, de New-Hampshire et le district de Maine. Dans ces diverses contrées, il entre
en grande proportion dans la composition des forêts
qui les couvrent encore ; tandis que, plus au Sud,
il est seulement fort abondant dans le Génessée,
dépendant de l'Etat de New-York, et dans la Haute-
Pensylvanie, où, d'après M. le Docteur Rush, on
estime que dans la portion supérieure de ces deux
Etats, il y a dix millions d'acres de terrein qui produisent des Erables à sucre, à raison de trente par
acre. En effet, j'ai remarqué, en traversant le nord
de ces deux Etats, de grandes masses de forêts qui
en étoient presqu'entièrement composées. Il est vrai
de dire cependant que dans le Génessée, plus de
la moitié de ces Erables, surtout vers le lac Erié,
appartiennent à l'espèce dont je donnerai la description à la suite de celle-ci, et qui, jusqu'à présent, a été confondue par les botanistes avec elle.

Dans la Géorgie, les deux Carolines, la Basse-
Virginie et le Maryland, cet arbre est étranger, ou
du moins très-rare ; il le devient aussi tous les jours
davantage dans les forêts qui avoisinent New-York
et Philadelphie, où, depuis bien des années, on
n'en extrait plus de sucre, et où les arbres de
cette espèce ont presqu'entièrement disparu, soit
qu'ils aient été coupés pour combustible ou pour
d'autres usages.

Entre les parallèles que j'ai indiqués comme ren-
fermant les pays où l'Erable à sucre est le plus multiplié, tels que la Nouvelle-Ecosse, la Nouvelle-

Brunswick et le district de Maine, dans les Etats-Unis, les forêts ne ressemblent point à celles qui sont plus au Midi, car la nature des essences qui les composent est très-différente ; c'est ce qui les a fait diviser en deux grandes classes , lesquelles sont presqu'en égale proportion , et garnissent alternativement la surface du sol. La première classe comprend tous les arbres résineux, tels que les pins et les sapins. Elle occupe les lieux bas et la partie la plus déclive des vallons ; on désigne ces terreins sous le nom de *Black wood lands* , terreins à essence noire. Dans la deuxième, sont rangés tous les arbres à feuilles , comme l'Erable à sucre , les Hêtres blanc et rouge , les Bouleaux, les Frênes, etc. Ces arbres croissent dans les terreins qui présentent une surface plus égale , ou qui sont à pente douce. On leur donne le nom de *Hard wood lands* , terreins à essence dure ; et parmi les arbres qui appartiennent à cette seconde classe, l'Erable à sucre est le plus abondant. On remarque encore qu'à partir du 46ᵉ degré, en se dirigeant vers le Nord , la proportion des arbres qui composent cette sec nde classe, diminue progressivement, tandis que celle des arbres résineux augmente en raison de cette diminution ; cette particularité est absolument l'inverse, au-dessous de 43º ; car alors les arbres à feuilles, dont elle est formée , commencent à leur tour à être moins multipliés , et sont d'autant plus mêlés avec les nombreuses espèces de Chênes et de Noyers, qu'on avance vers le Sud. Il n'en résulte pas moins que le véritable Erable à sucre couvre une plus vaste étendue de terreins, dans l'Amérique-Septentrionale , qu'aucune autre espèce du même genre. Les situations froides et humides, mais dont le sol est fertile et montagneux , sont celles où cet arbre paroît se plaire de préférence ; car indépendamment des contrées que je viens d'indiquer, qui présentent généralement cette nature de sol, on le voit encore par les mêmes raisons , sur toute la chaîne des monts Alléghanys jusqu'en Géorgie, où elle finit, ainsi que sur les bords escarpés et très-ombragés des rivières qui prennent leur source dans ces montagnes.

L'Erable à sucre parvient quelquefois à 70 et 80 pieds (23 et 27 mètres) de haut, sur une grosseur proportionnée ; mais le plus communément, il ne s'élève qu'à 50 et 60 pieds, (17 à 20 mètres), sur un diamètre de 12 à 18 pouces, (36 à 50 centim.). Les arbres bien venans ont une belle apparence, et sont très-reconnoissables à leur écorce, qui est d'une grande blancheur. Ses feuilles ont environ 5 pouces (14 centimètres) de largeur, mais leur longueur varie selon que les individus auxquels elles appartiennent sont ou plus jeunes, ou plus vigoureux, ou qu'ils croissent dans un sol plus ou moins humide. Ces feuilles opposées les unes aux autres sur les branches, et attachées sur de longs pétioles , sont divisées en cinq lobes, entiers et aigus. Les deux supérieurs présentent deux découpures plus profondes ; elles sont lisses, d'un vert clair en-dessus, et glau-

ques ou blanchâtres en-dessous. A l'automne, immédiatement après les premières gelées, elles deviennent
rougeâtres ; enfin, à l'exception de la couleur glauque
de leur surface inférieure , ces feuilles ont une très-
grande ressemblance avec celles de l'*Acer platanoïdes*.
Elles en diffèrent encore , en ce qu'elles ne sont
pas lactescentes, que leur teinte est plus claire, et
qu'elles sont plus espacées : voilà pourquoi le feuillage de l'Erable à sucre est moins épais , ce qui le
rend peu propre à former des allées ou des avenues
dans les parcs et les jardins. Outre cet avantage , qui
en est un marqué pour cet objet, *l'Acer platanoïdes*,
et *l'Acer pseudo-platanus* , ont celui de croître
beaucoup mieux dans des terreins médiocres , secs
et peu ombragés.

Les fleurs de l'Erable à sucre sont petites , jaunâtres, et suspendues par des filets menus et flexibles :
ce n'est qu'à l'automne que les graines sont à maturité , quoique les capsules qui renferment les amandes
aient acquis toute leur grandeur, six semaines auparavant: dans les environs de New-York , elles sont
mûres au commencement d'octobre. Les graines de
tous les Erables sont toujours réunies deux à deux
par leur base , et terminées par une aile plus ou
moins grande. J'ai constamment remarqué que dans
l'espèce qui fait le sujet de cette description , l'une
des deux loges qui contiennent l'amande est vide,
quoiqu'elles présentent extérieurement le même degré
de perfection. On a encore observé que les Érables
à sucre ne fructifient que tous les deux ou trois ans.

Le bois de l'Érable à sucre nouvellement débité est blanc ; mais après avoir été travaillé et exposé quelque temps à la lumière, il prend une couleur rosée ; le grain en est très-fin, très-serré, ce qui lui donne une apparence soyeuse et comme lustrée, lorsqu'il a été poli. Il est assez pesant, et il a beaucoup de force ; mais il manque de cette qualité si précieuse dans le Chêne, le Châtaignier etc., celle d'être durable; car, exposé aux alternatives de la sécheresse et de l'humidité, il pourrit promptement, ce qui fait qu'il ne peut être employé dans les grandes constructions civiles ou maritimes, dont on veut assurer la longue durée. Cependant, dans les États de Vermont, du New-Hampshire, ainsi que dans le district de Maine, et plus au Nord, où le Chêne est d'une grande rareté, c'est le bois qu'on lui substitue, préférablement à celui du Hêtre, du Bouleau et de l'Orme, ainsi, lorsqu'il a été bien desséché, ce qui exige au moins deux et trois ans, les charrons en font des essieux de voitures, des jantes de roues, et on en double les traineaux communs. Dans les campagnes, on s'en sert pour la charpente des maisons, qui dans ce pays sont toutes en bois ; on s'en sert comme de celui de l'Érable rouge, pour la partie inférieure des chaises dites de Windsor. Dans le district de Maine, on le préfère au Hêtre pour en faire la quille des vaisseaux, parce qu'on trouve des arbres d'une plus grande dimension; et il concourt aussi avec le Hêtre et le Bouleau jaune, à en former la charpente inférieure, attendu que cette partie du navire reste constamment submergée.

L'Erable à sucre offre dans son bois deux altérations remarquables, dont les ébénistes savent tirer
avantageusement parti, pour faire de beaux meubles :
la première de ces altérations, comme dans l'Erable
rouge, consiste dans les ondulations des fibres ligneuses, dont j'ai parlé en traitant de cette espèce ; la
deuxième paroît être le résultat de la torsion des
fibres ligneuses, qui a lieu de l'extérieur à l'intérieur ; cette disposition qui ne se rencontre que
dans les vieux arbres, quoique sains, présente de petites taches tout au plus de la largeur d'une demi-
ligne (un millimètre), qui quelquefois sont conti-
guës les unes aux autres, et quelquefois aussi sont
distantes de plusieurs lignes : plus elles sont multipliées, plus les morceaux qui en sont parsemés, sont
recherchés par les ébénistes qui ordinairement les
débitent en feuilles très-minces, qu'ils plaquent sur
l'acajou. On en fait encore des montans de lits ou des
bureaux portatifs très-élégans, et qui se vendent fort
cher. Pour obtenir les plus beaux effets, on doit dé-
biter les arbres dans lesquels ces accidens se trouvent, parallèlement aux couches concentriques. On
donne à cette variété d'Erable le nom de *Bird eyes
maple*, Erable à œil d'oiseau.

L'Erable à sucre, coupé en temps convenable, fournit un excellent combustible, et comme tel, on l'exporte du district de Maine à Boston, où il est aussi
estimé que le bois d'Hickery, devenu très-rare dans
les environs de cette grande ville. La supériorité de
l'Erable à sucre, comme bois de chauffage, reconnue

dans le Nord de l'Amérique, s'accorde fort bien avec les expériences intéressantes de M. Hartig sur le degré de calorique respectif que donnent les différens bois d'Europe, et d'où il résulte que celui de l'*Acer pseudo-platanus*, en produit plus qu'aucun autre.

Les cendres de l'Erable à sucre sont aussi très-riches en principes alkalins, et je crois pouvoir avancer, sans me tromper, que les quatre cinquièmes de toute la potasse de l'Amérique, importée de Boston et de New-York en Europe, sont fabriqués avec les cendres de cet arbre.

Dans les forges établies dans l'État de Vermont et le district de Maine, le bois de l'Erable à sucre est préféré à celui de tous les autres arbres; on m'a même assuré que son charbon étoit d'une qualité supérieure, et que, comparé à celui que l'on fabrique avec le bois du même arbre dans les États du centre, il étoit d'un cinquième plus pesant; ce qui tendroit à prouver que ce n'est que dans les contrées les plus septentrionales, que cet Érable réunit au plus haut degré toutes les qualités qui lui sont propres.

La pesanteur et la dureté du bois de l'Érable à sucre peuvent facilement le faire distinguer de celui de l'Érable rouge, qui a la même apparence; mais outre cela, il est un moyen bien simple pour les reconnoître, c'est de verser quelques gouttes de dissolution de sulfate de fer, sur un échantillon de chacun de ces bois. Ceux de l'Érable à sucre et de l'Érable noir, prendront en moins d'une minute une teinte verdâtre, et ceux des Érables rouge et blanc, une couleur bleue très-foncée.

De la méthode suivie dans les Etats-Unis d'Amérique, pour fabriquer le sucre avec la séve de l'Erable.

L'extraction de ce sucre est d'une grande ressource pour les habitans qui, placés à une grande distance des ports de mer, vivent dans les contrées où cet arbre abonde; car, dans les États-Unis, toutes les classes de la société font un usage journalier de thé et de café.

Le procédé qu'on suit généralement pour obtenir cette espèce de sucre est très-simple; et il est, à peu de chose près, le même dans tous les lieux où on l'emploie. Quoique ce procédé ne soit pas défectueux, on pourroit le perfectionner et en retirer de plus grands avantages, si l'on suivoit les instructions publiées dans ce pays pour le rectifier.

C'est ordinairement dans le courant de février, ou dès les premiers jours de mars, qu'on commence à s'occuper de ce travail, époque où la séve entre en mouvement, quoique la terre soit encore couverte de neige, que le froid soit très-rigoureux, et qu'il s'écoule presque un intervalle de deux mois, avant que les arbres entrent en végétation. Après avoir choisi un endroit central, eu égard aux arbres qui doivent fournir la séve, on élève un appentis, désigné sous le nom de *sugar camp*, camp à sucre; il a pour objet de garantir des injures du temps les chaudières dans lesquelles se fait l'opération et les

personnes qui la dirigent. Une ou plusieurs tarières
d'environ trois quarts de pouce (20 millim.) de diamètre, de petits augets destinés à recevoir la séve,
des tuyaux de sureau ou de sumac de 8 à 10 pouces
(22 à 27 centim.), ouverts sur les deux tiers de leur
longueur et proportionnés à la grosseur des tarières ;
des seaux pour vider les augets et transporter la séve
au camp ; des chaudières de la contenance de 15 ou
16 gallons (60 à 64 litres); des moules propres à recevoir le sirop arrivé au point d'épaississement convenable, pour être transformé en pains ; enfin des
haches pour couper et fendre le combustible, sont
les principaux ustensiles nécessaires à ce travail.

Les arbres sont perforés obliquement de bas en
haut, à 18 ou 20 pouces (48 à 53 centim.) de terre,
de deux trous faits parallèlement, à 4 ou 5 pouces
(11 à 14 centim.) de distance l'un de l'autre ; il
faut avoir l'attention que la tarière ne pénètre que
d'un demi-pouce (13 millim.) dans l'aubier, l'observation ayant appris qu'il y avoit un plus grand
écoulement de séve, à cette profondeur, que plus
ou moins avant. On recommande encore, et on est
dans l'usage de les percer dans la partie de leur
tronc qui correspond au Midi ; cette pratique, quoique reconnue préférable, n'est pas toujours suivie.

Les augets, de la contenance de 2 ou 3 gallons
(8 à 12 litres), sont faits le plus souvent, dans les
Etats du nord, de Pin blanc, de Frêne blanc ou
noir, ou d'Erable, sur l'Ohio, on choisit de préférence le Mûrier qui y est très-commun ; mais le Châ-

taignier, le Chêne et surtout le Noyer noir et le *But-
ter nut*, ne doivent point être employés à cet usage,
parce que la séve se chargeroit facilement de la
partie colorante, et même d'un certain degré d'amertume, dont ces bois sont imprégnés. Un auget est
placé à terre au pied de chaque arbre, pour recevoir
la séve qui découle par les deux tuyaux introduits
dans les trous faits avec la tarière; elle est recueillie
chaque jour, portée au camp et déposée provisoi-
rement dans des tonneaux, d'où on la tire pour em-
plir les chaudières. Dans tous les cas, on doit la faire
bouillir dans le cours des deux ou trois premiers
jours qu'elle a été extraite du corps de l'arbre, étant
susceptible d'entrer promptement en fermentation,
surtout si la température devient plus douce. On
procéde à l'évaporation par un feu actif; on écume
avec soin pendant l'ébullition, et on ajoute de nouvelles quantités de séve, jusqu'à ce que la liqueur
ait pris une consistance sirupeuse; alors on la passe,
après qu'elle est refroidie, à travers une couverture
ou toute autre étoffe de laine, pour en séparer les
impuretés dont elle pourroit être chargée.

Quelques personnes recommandent de ne procéder au dernier degré de cuisson qu'au bout de douze
heures; d'autres, au contraire, pensent qu'on peut
s'en occuper immédiatement. Dans l'un ou l'autre
cas, on verse la liqueur sirupeuse dans une chaudière qu'on n'emplit qu'aux trois quarts, et par un
feu vif et soutenu, on l'amène promptement au degré de consistance requis pour être versée dans des

moules ou baquets destinés à la recevoir. On connoît
qu'elle est arrivée à ce point, lorsqu'en en prenant
quelques gouttes entre les doigts, on sent de petits
grains. Si, dans le cours de cette dernière cuite, la
liqueur s'emporte, on jette dans la chaudière un petit
morceau de lard ou de beurre, ce qui la fait baisser
sur le champ. La mélasse s'étant écoulée des moules,
ce sucre n'est plus déliquescent comme le sucre brut
des colonies.

Le sucre d'Erable obtenu de cette manière, est
d'autant moins foncé en couleur, qu'on a apporté
plus de soin à l'opération et que la liqueur a été rap-
prochée convenablement. Alors, il est supérieur au
sucre brut des colonies, au moins si on le compare
à celui dont on se sert dans la plupart des maisons
des Etats-Unis; sa saveur est aussi agréable et il sucre
également bien; raffiné, il est aussi beau et aussi
bon que celui que nous obtenons dans nos raffine-
ries en Europe. Cependant, on ne fait usage du sucre
d'Erable que dans les parties des Etats-Unis où il se
fabrique, et seulement dans les campagnes : car,
soit préjugé ou autrement, dans les petites villes et
dans les auberges de ces mêmes contrées, on ne se
sert que du sucre brut des colonies.

L'espace de temps pendant lequel la séve exsude
des arbres, est limité à environ six semaines. Sur la
fin, elle est moins abondante et moins sucrée et se
refuse quelquefois à la cristallisation ; on la conserve alors comme mélasse qui est considérée comme
supérieure à celle du commerce. La séve exposée

plusieurs jours au soleil, éprouve une fermentation acide qui la convertit en vinaigre.

Dans un ouvrage périodique publié à Philadelphie, il y a quelques années, on indique la manière suivante de faire de la bière d'Erable à sucre. On met dans 4 gallons (16 litres) d'eau bouillante, un litre de cette mélasse avec un peu de levain pour exciter la fermentation; si on y ajoute une cuillerée d'essence de spruce, on obtient une bière de plus agréable et des plus saine.

Le procédé que nous venons de décrire, qui est le plus généralement suivi, est absolument le même, soit qu'on tire la séve de l'Érable à sucre où sucrier, soit de l'Érable rouge ou de l'Érable blanc; mais ces deux dernières espèces doivent fournir le double de séve pour donner la même quantité de sucre.

Différentes circonstances contribuent à rendre la récolte du sucre plus ou moins abondante : ainsi, un hiver très-froid et très-sec est plus produetif que lorsque cette saison a été très-variable et très-humide. On observe encore que lorsque pendant la nuit il a gelé très-fort, et que dans la journée qui la suit, l'air est très-sec et qu'il fait un beau soleil, la séve coule avec une grande abondance, et qu'alors un arbre donne quelquefois 2 à 3 gallons (8 à 12 litres) en vingt-quatre heures. On estime que trois personnes peuvent soigner deux cent cinquante arbres, qui donnent 1000 livres (5 quintaux métriques) de sucre, ou environ 4 livres (2 kilogr.)

par arbre, ce qui cependant ne paroît pas toujours avoir lieu pour tous ceux qui s'en occupent : car plusieurs fermiers sur l'Ohio m'ont assuré n'en obtenir qu'environ 2 livres (1 kilogr.)

Les arbres qui croissent dans les lieux bas et humides, donnent plus de séve, mais elle est moins chargée de principes saccharins que dans ceux qui sont situés sur les collines ou coteaux; on en retire proportionnellement davantage des arbres qui sont isolés au milieu des champs ou le long des clôtures des habitations. On a remarqué aussi que, lorsque les cantons où l'on exploite annuellement le sucre, sont dépourvus des autres espèces d'arbres, et même des Erables à sucre mal venans, l'on obtient des résultats plus favorables.

Pendant mon séjour à Pittsburgh, j'ai eu occasion de voir consigné dans une gazette de Greensburgh, le fait suivant qui mérite d'être cité.

« Ayant, dit l'auteur de la lettre, introduit vingt tuyaux dans un Erable à sucre, j'ai retiré le même jour 23 gallons trois quarts de séve (96 litres), qui donnèrent 7 livres un quart de sucre (près de 4 kil.); et tout le sucre obtenu dans cette saison de ce même arbre, a été de 33 livres (16 kilogramm.), qui équivalent à 108 gallons (432 litres) de séve. » Cette quantité de 108 gallons (432 litres), fait supposer que 3 gallons (12 litres) de séve donnent une livre (un demi-kilogramme) de sucre, quoiqu'en général on estime qu'il en faille 4 gallons (16 litres) pour une livre.

Il résulte de cet essai que, de chacun des vingt tuyaux, il s'est écoulé un gallon et un quart (5 litres) de séve, quantité équivalente à celle qu'on retire seulement des deux canules qu'on a coutume d'introduire dans les arbres perforés à cet effet. De ces faits, ne pourroit-on pas conclure que la séve ne s'échappe que par les vaisseaux séveux, lacérés par les tarières qui y correspondent, à l'orifice supérieur ou inférieur, et qu'elle n'est pas recueillie, à cet endroit, des parties environnantes. Je suis d'autant plus disposé à croire que cela se passe ainsi, qu'un jour, parcourant les profondes solitudes des bords de l'Ohio, il me vint dans l'idée d'entamer un sucrier à quelques pouces au-dessus de l'endroit où il avoit été percé l'année précédente. En effet, j'observai qu'au milieu d'un aubier très-blanc, les fibres ligneuses présentoient, à cette place, une bande verté de la même largeur et de la même épaisseur que l'orifice qui avoit été pratiqué. L'organisation des fibres ligneuses ne sembloit pas altérée, mais cela n'est pas suffisant pour inférer qu'elles pussent donner, de nouveau, passage à la séve l'année suivante. On objectera peut-être qu'il est prouvé que des arbres ont été travaillés depuis trente ans, sans qu'ils paroissent avoir diminué de vigueur, ni avoir rendu moins abondamment de séve ; on pourroit répondre à cette observation, qu'un arbre de 2 à 3 pieds (6 déc. à 1 mèt.) de diamètre présente beaucoup de surface ; qu'on évite de perforer l'arbre au même endroit que, quand même cette circonstance auroit lieu après trente ou quarante ans, les couches successives, acquises dans cet intervalle, mettroient cet individu presque dans le même état qu'un arbre récemment soumis à une opération.

C'est dans la partie supérieure du nouveau Hampshire, dans l'État de Vermont, dans le Génessée et l'État de New-York, dans la partie de la Pensylvanie située sur les branches orientale et occidentale de la Susquehannah, à l'ouest des montagnes, dans les comtés avoisinant les rivières Mononghahela et Alleghany, enfin, sur les bords de l'Ohio, qu'il se fabrique une plus grande quantité de sucre. Dans ces contrées, les fermiers, après avoir prélevé ce qui leur est nécessaire jusqu'à l'année suivante, vendent aux marchands des petites villes voisines, le surplus de ce qu'ils ont récolté, à raison de 40 centimes la livre; et ces derniers le revendent 55 centimes à ceux qui ne veulent pas s'occuper de cette fabrication, ou qui n'ont pas d'Érables à leur disposition.

Il se fait encore beaucoup de ce sucre dans le Haut-Canada, sur la rivière Wabasch, aux environs de Michillimakinac, où les Indiens qui le fabriquent, l'apportent et le vendent aux préposés de la Compagnie du nord-ouest, établie à Montréal. Ce sucre est destiné pour l'approvisionnement de leurs nombreux employés, qui vont à la traite des fourrures au-delà du Lac supérieur.

Dans la Nouvelle-Écosse, le district de Maine, sur les montagnes les plus élevées de la Virginie et des deux Carolines, il s'en fabrique également, mais en bien moindre quantité, et il est probable que les sept dixièmes des habitans s'approvisionnent de sucre des colonies, quoique l'Erable ne manque pas dans ces contrées.

On a avancé, et il paroît certain, que la partie supérieure des Etats de New-York et de la Pensylvanie est tellement abondante en Érables à sucre, que ce qui pourroit y être fabriqué de ce sucre, suffiroit à la consommation des Etats-Unis; que la somme totale des terres couvertes d'Erables à sucre, dans la partie indiquée de chacun de ces Etats, est de 526,000 acres qui, par une réduction très-modérée, donneroient environ 8,416,800 livres de sucre, quantité requise pour cette consommation, et qui pourroit même être extraite de 105,210 acres, à raison de 4 livres par arbre, et seulement de vingt arbres par acre, quoiqu'on estime qu'un acre contienne à-peu-près quarante arbres. Cependant, il ne paroît pas que cette extraction, qui est limitée seulement à six semaines de l'année, réponde à cette idée vraiment patriotique. Ces arbres, dans ces contrées, croissent sur d'excellentes terres qui se défrichent rapidement, soit par les émigrations des parties maritimes, soit par l'augmentation singulière de la population, tellement qu'avant un demi-siècle peut-être, les Erables se trouveront confinés aux situations trop rapides pour être cultivées, et ne fourniront plus du sucre qu'au propriétaire qui les possédera sur son domaine; à cette époque, le bois de cet arbre qui est fort bon, donnera peut-être un produit supérieur et plus immédiat que le sucre lui-même. On a encore proposé de planter des Erables à sucre autour des champs, ou en vergers. Dans l'un ou l'autre cas, des pommiers ne donneront-ils pas toujours un bénéfice plus certain ? Car, dans l'Amérique septentrionale, on a éprouvé que ces arbres viennent dans des terreins qui sont si arides, que les Erables à sucre ne pourroient y végéter. On ne peut donc considérer que comme très-spéculatif tout ce qui a été dit sur ce sujet, puisque dans la Nouvelle-Angleterre où cet arbre est indigène, et où il y a beaucoup de lumières répandues dans les campagnes, on ne voit pas encore d'entreprises de ce genre qui puissent tendre à restreindre l'importation du sucre des colonies.

Les animaux sauvages et domestiques sont avides de la séve des Erables et forcent les barrières pour s'en rassassier.

Nous ajouterons que la séve de l'Erable plane, qui est probablement celui qui croît en Bohême et en Hongrie, donne une moindre quantité de sucre que celle de l'Erable à sucre. L'Erable à feuilles de Frêne, *Acer negundo*, qu'on élève aujourd'hui dans nos pépinières, ne produit point de sucre.

Je ne puis mieux terminer ces citations, qu'en les appuyant des faits que contient la lettre suivante, écrite de Vienne le 21 juillet 1810.

« On a déjà commencé ici (à Vienne) à faire usage d'une espèce de sucre, tiré du suc de l'Erable. Des essais en grand, entrepris dans différentes parties de cette monarchie, ne laissent aucun doute sur l'utilité de cette découverte. Les différentes espèces d'Erables qui sont propres à fournir du sucre, se trouvent en assez grand nombre dans les forêts des Etats d'Autriche : il y en a des bois entiers en Hongrie et en Moravie. Le prince d'Auersberg, qui a déjà fait depuis plusieurs années, dans ses terres de Bohême, des expériences pour extraire le sucre de l'Erable, s'occupe actuellement d'établir pour cet objet une fabrique dont les frais s'élèvent à 20 mille florins, et qui doit produire annuellement trois à quatre cents quintaux de sucre. Ce prince a fait planter récemment plus d'un million d'Erables. On a lieu d'espérer que cet exemple trouvera bientôt des imitateurs parmi les grands propriétaires ; et il seroit possible que l'on eût ainsi du sucre indigène, même en plus grande quantité qu'il n'est nécessaire pour la consommation du pays ».

Les détails dans lesquels je viens d'entrer sur l'Erable à sucre, peuvent faire apprécier son degré d'importance dans l'économie domestique, soit par les qualités de son bois, dont quelques-unes sont excellentes, soit par la quantité de sucre qu'on peut retirer de sa séve. J'ai déterminé, avec assez d'exactitude, les contrées de l'Amérique septentrionale où il est le plus multiplié, et la nature du sol où il se plaît davantage. Ces renseignemens sont suffisans pour en faire essentiellement recommander la propagation dans le nord de l'Europe ; car je regarde l'*Acer saccharinum* comme très-supérieur sous le rapport de la qualité du bois et de la quantité de sucre qu'on peut en extraire, à l'*Acer platanoïdes* et à l'*Acer pseudo-platanus* ; ce sera donc dans les mêmes contrées, où ces deux espèces sont très-abondantes dans les forêts européennes, que la réussite complète de celle dont je viens de donner la description sera assurée, et on n'aura qu'à se louer d'en avoir propagé la culture.

PLANCHE XV.

Rameau avec les feuilles et les graines de grandeur naturelle. Fig. 1, petit rameau avec des fleurs.

ACER *NIGRUM*.

THE BLACK SUGAR TREE.

Acer *nigrum, foliis quinque-partitò-palmatis, sinubus apertis, margine integris, subtùs pubescentibus, atrò-viridibus : floribus corymbosis ; capsulis turgidè sub-globosis.*

Dans les États de l'Ouest, ainsi que dans la partie de la Pensylvanie et de la Virginie qui est située entre les montagnes et l'Ohio, cette espèce d'Érable est désignée par le nom de *Sugar tree*, arbre à sucre, et encore fréquemment par celui de *Black sugar tree*, arbre noir à sucre. Cette dernière dénomination qui m'a semblé plus caractéristique, lui a probablement été donnée à cause de la teinte très-foncée de son feuillage, comparativement à celui du vrai Érable à sucre, qui quelquefois croît avec lui. Dans le Génessée, qui est un pays fort étendu, on ne fait au contraire aucune distinction entre ces deux espèces, et on les désigne également par les noms de *Rock maple* et de *Sugar maple*. La cause de cette confusion dans les dénominations de ces deux espèces, vient probablement de ce que cette portion de l'État de New-York a été, en grande partie, peuplée par des émigrans des États du Nord, qui auront donné à l'espèce dont il est ici question, le même nom qu'à l'autre, parce qu'ils avoient trouvé son bois

H. J. Redouté pinx.   Joly sculp.

Black Sugar Maple.
Acer nigrum.

propre aux mêmes usages, et qu'ils en retiroient une égale quantité de sucre.

Ces deux espèces d'Erables ont encore été confondues par les botanistes qui ont décrit les productions végétales de l'Amérique septentrionale.

Les bords de la rivière Connecticut, près de Windsor, dans l'Etat de Vermont, sont le point le plus avancé vers le Nord, où, pour la première fois, j'ai observé *l'Acer nigrum*, mais il y est peu élevé et assez rare, d'où on peut inférer qu'il appartient à une latitude plus méridionale de quelques degrés que *l'Acer saccharinum* ; en effet, un peu plus au Sud, il constitue déjà une grande partie des forêts du Génessée, et il couvre en grande partie ces inépuisables vallons à travers lesquels circulent les grandes rivières de l'Ouest, tels que celles de l'Ohio, de la grande Muskingum, de la Sioto et de la Wabash. Dans ces bas-fonds, *l'Acer nigrum* est un des arbres les plus multipliés, et qui acquiert la plus haute élévation.

Les feuilles, larges de 4 à 5 pouces (8 à 11 centim.) en tous sens, présentent à-peu-près la même forme que celles du véritable Erable à sucre : elles en diffèrent principalement, en ce qu'elles sont d'un vert beaucoup plus foncé, d'une texture plus épaisse, et que les sinus ou échancrures sont plus ouverts ; elles sont aussi légèrement velues en-dessous, ce qui s'observe plus sensiblement sur les principales nervures.

Les fleurs, comme celles de *l'Acer saccharinum*,

sont suspendues à des pétioles grêles et flexibles, longs de 1 à 2 pouces (3 à 6 centim.) : les graines ont aussi, à-peu-près, la même configuration, et elles sont à maturité à la même époque, c'est-à-dire, vers le premier octobre.

Le bois de l'*Acer nigrum* possède encore, à peu de choses près, toutes les qualités de celui de *l'Acer saccharinum*, si ce n'est que le grain en est plus grossier, et paroît moins lustré, lorsqu'il est travaillé.

Cet Erable est peu employé, parce que toutes les contrées où il croît, abondent en une grande variété d'arbres, tels que les Chênes, les Noyers, le Cerisier, le Mûrier etc., dont les bois sont très-préférables, soit pour les grandes constructions, soit pour l'ébénisterie. Néanmoins, il est préféré au bois de ces diverses espèces d'arbres par les fabriquans de chaises dites de Windsor, pour en faire la charpente inférieure. Il est regardé aussi, dans ce même canton, comme le meilleur bois de chauffage après celui du Noyer Hickery. Le produit le plus important qu'on en retire, consiste dans le sucre qu'on obtient de sa séve, et dont il se fabrique, tous les hivers, une très-grande quantité dans les environs de Pittsburgh.

J'ai remarqué que *l'Acer nigrum*, lorsqu'il se trouve dans un endroit isolé, prend de lui-même une forme agréable et très-régulière; son feuillage, d'une teinte très-foncée, est plus touffu que celui d'aucune autre espèce d'Érable que je connoisse, ce qui le rend très-propre à former des allées, dans des parcs et des jardins où l'on veut avoir de beaux couverts, et à être planté dans toutes les situations que l'on voudra garantir des ardeurs du soleil par un ombrage épais.

PLANCHE XVI.

Rameau avec une feuille et ses graines de grandeur naturelle.

ACER *STRIATUM.*

MOOSE WOOD.

Acer *striatum*, *foliis infernè rotundatis, supernè acu-
minato-triscuspidibus argutè serratis : racemis simpli-
cibus, pendulis.*

Acer Pensylvanicum. Linn.

Dans les provinces de la Nouvelle-Ecosse et de
New-Brunswick, ainsi que dans le district de Maine
et les Etats de New-Hampshire et de Vermont, cet
Erable est connu sous le seul nom de *Moose wood*,
bois d'Elan. Tandis que dans le New-Jersey et la
Pensylvanie, on lui donne celui de *Striped maple*,
Erable rayé ou jaspé. Quoique cette dernière dénomination puisse paroître préférable comme expri-
mant un des caractères qui lui sont propres, je n'ai
pas cru devoir la conserver, parce qu'elle n'est usitée
que dans la partie des États-Unis où cet Érable est
comparativement très-rare, et qu'elle est entièrement
étrangère aux contrées où il est extrêmement commun dans les forêts.

Le nom de *Moose wood*, bois d'Elan, que porte
cet arbre, lui a été donné par les premiers habitans, parce qu'ils observèrent que cet animal devenu
aujourd'hui très-rare dans ces contrées, vivoit pendant l'hiver et aux approches du printemps de ses
jeunes pousses.

L'Erable jaspé commence à paroître, au Canada,

Moose Wood.

Acer striatum.

H. J. Redouté del.

Joly sculp.

aux environs du lac S. Jean, vers le 49° de latitude, c'est-à-dire un peu plus au nord que les espèces
précédemment décrites. A la Nouvelle-Ecosse et dans
le district de Maine où je l'ai plus particulièrement
observé, cet arbre y remplit les bois, mais à mesure qu'on approche de la rivière Hudson, il devient
beaucoup moins commun, et au-delà de cette limite
il se trouve confiné à la région montagneuse des
Alléghanys jusqu'en Géorgie où elle se termine;
encore dans ces montagnes se trouve-t-il seulement
aux expositions les plus fraîches et les plus ombra-
gées.

Dans le district du Maine, que j'ai visité avec le
plus de soin, j'ai toujours observé que l'Erable
jaspé croissoit avec plus de vigueur dans les forêts
d'essences mêlées, *mixtures lands*, qui sont composées d'Erables à sucre, de Hêtres, de Bouleaux
blancs, de Bouleaux jaunes et d'Hemlock Spruce.
Dans ces forêts il constitue en très-grande partie ce
que les habitans appellent *Under growh*, car sa
hauteur la plus ordinaire est communément au-dessous de 8 à 10 pieds (2 m. 5 décim. à 3 m. 3 décim.)
quoique j'aie trouvé quelques individus qui avoient
le double de cette élévation.

La tige principale et les branches de l'Erable jaspé
sont toujours revêtues d'une écorce lisse, de couleur verte et rayée longitudinalement de lignes
noires, ce qui suffit pour le faire reconnoître d'a-
bord, à toutes les époques de l'année.

Parmi les végétaux arborescens de ces contrées

septentrionales, c'est un des premiers dont la végétation annonce le retour de la belle saison. Les bourgeons et les feuilles lorsqu'elles commencent à se développer, sont de couleur rose, ce qui donne alors à cet arbre une apparence assez agréable ; mais bientôt après cette teinte disparoît et fait place à la couleur verte. Dans les arbres d'une belle venue, les feuilles d'une texture assez épaisse et finement dentées dans leur contour ont 4, 5 et quelquefois même 6 pouces (11, 14 et 16 centim.) en tout sens. Elles sont arrondies dans leurs deux tiers inférieurs et divisées en trois lobes accuminés à leur sommet ; les fleurs de couleur verdâtre, sont disposées en forme de grappes longues et pendantes. A ces fleurs succèdent des graines très-semblables à celles des autres Erables ; elles n'en diffèrent que par une petite cavité, qui se fait remarquer sur un des côtés qui correspond à l'amande. Leur maturité a lieu vers la fin de septembre, et sont toujours fort abondantes.

Le peu d'élévation et de diamètre auquel parvient l'Érable jaspé, s'oppose à ce qu'on puisse faire usage de son bois dans aucun genre de construction. Cependant, comme il est très-blanc et que le grain en est très-fin, les ébénistes, à Halifax, l'emploient en place de houx, qui ne croît pas si avant vers le nord, pour former les lignes blanches dont ils incrustent les meubles d'acajou. Mais l'avantage le plus marqué qu'il présente aux habitans des contrées où j'ai dit qu'il croissoit en si grande abon-

dance, est de fournir à ceux qui ont négligé de s'ap-
provisionner de fourrages pour l'hiver, les moyens
de nourrir leurs bestiaux jusqu'à ce que la saison
devenue moins rigoureuse ait permis à l'herbe nouvelle de végéter. Ils lâchent donc leurs chevaux et
leurs vaches dans les bois dès que la séve commence
à faire enfler les bourgeons, et ces animaux épuisés
de besoin en broutent avec avidité toutes les jeunes
pousses jusqu'au vieux bois ; pauvre ressource, il
est vrai, mais qui cependant en est encore une,
attendu que ces jeunes pousses sont très-tendres et
remplies d'une séve abondante et très-sucrée.

Depuis longtemps cette espèce d'Erable a été
introduite en Europe dans les parcs et jardins d'une
grande étendue. On la recherche parce qu'elle est
un des végétaux dont les feuilles se développent des
premières à l'approche du printemps, mais surtout
à cause de sa tige qui est veinée de blanc, et qui
véritablement est d'un effet fort agréable. Cette altération de couleur noire que ces veines ont dans
les forêts primitives où cet arbre est fort ombragé,
paroît être dû à ce qu'il est planté dans des terreins
plus secs, et surtout qu'il est plus exposé à être
frappé des rayons du soleil. Les pieds qu'on voit
dans les jardins sont presque tous greffés sur l'E-
rable d'Europe, *Acer pseudo-platanus*, qui est un
très-grand arbre, aussi la végétation de l'Erable
jaspé se ressent-il de la vigueur de ce dernier, et ils
deviennent deux fois plus élevés et d'une grosseur

souvent quadruple de celle à laquelle ils parviennent dans les forêts du nord de l'Amérique.

PLANCHE XVII.

*Rameau avec ses graines de grandeur naturelle. Fig. 1, mor-
ceau d'écorce telle qu'elle ést sur les arbres qu'on trouve dans les
forêts du nord de l'Amérique. Fig. 2, morceau d'écorce dans les
arbres cultivés dans les terreins secs et découverts.*

Bessa del.

Gabriel Sculp.

Box Elder.

Acer negundo.

ACER *NEGUNDO*.

BOX ELDER

OR ASH LEAVED MAPLE.

ACER *negundo* , *foliis pinnatis ternatisve , inæqualiter serratis; floribus dioïcis.*

CET arbre, très-commun dans toutes les contrées situées à l'ouest des Monts-Alléghanys, y est généralement connu sous le nom de *Box elder* , Aulne Buis; mais, à l'est de ces montagnes, où il est plus rare, il a été assez peu remarqué des habitans , qui ne lui ont donné aucun nom. Cependant quelques personnes le désignent par celui d'*Ash leaved maple* , Erable à feuilles de Frêne. Cette dernière dénomination seroit sous tous les rapports plus convenable , et je l'ai conservée avec l'autre , qui est consacrée par l'usage , bien qu'elle soit absolument insignifiante , attendu qu'elle ne se rattache à aucune des propriétés de cet arbre. Les Français des Illinois l'appellent *Erable à Giguières.*

Les feuilles de l'*Acer negundo* sont opposées , et ont dans leur ensemble depuis 6 jusqu'à 15 pouces (16 à 40 centim.) de longueur, selon que les individus auxquels elles appartiennent sont plus vigoureux, et croissent dans les lieux frais et humides. Chacune de ces feuilles est composée de deux paires de folioles avec une impaire. Ces folioles sont pétiolées, de forme ovale-acuminée, et fortement dentées. Vers l'automne, le pétiole commun est d'un rouge foncé.

Cet arbre est dioïque, ayant ses fleurs mâles et ses fleurs femelles placées sur des pieds différens ; les unes et les autres sont fixées sur d'assez longs pétioles, et lorsque les graines qui sont ailées, et de la même forme que celles des autres Erables, sont arrivées à leur maturité, elles se présentent sous la forme de grappes lâches, pendantes et longues de 6 à 7 pouces (16 à 19 centim.)

Des diverses espèces d'Erables que produit le territoire des États-Unis, celle-ci croît le moins avant vers le Nord: car, dans les États Atlantiques, ce n'est qu'à partir des bords de la rivière Delawares, près de Philadelphie, que l'on commence à la rencontrer ; mais elle y est peu multipliée, ainsi que dans la partie basse et maritime des États méridionaux, où elle est aussi très-rare ; ce qui, il est vrai, tient moins à la chaleur du climat en été, qu'à la nature du sol, qui est marécageux sur les bords des rivières. A l'ouest des montagnes au contraire, l'*Acer negundo* est extrêmement multiplié, et il n'est pas, comme dans la Haute-Virginie et les Hautes-Carolines, confiné seulement aux bords des rivières, il croît en plein bois avec les Noyers, les Ormes, le Robinia pseudo-acacia, le Cerisier de Virginie et le *Gymnocladus canadensis*. C'est néanmoins dans les bas-fonds, qui longent les rivières, et dont le sol très-profond, très-meuble, est constamment frais et fréquemment exposé à être submergé, que cet arbre est le plus commun, et qu'il acquiert de plus fortes dimensions ; cependant elles sont telles, qu'on ne

peut le considérer que comme un arbre de la deuxième
grandeur. En effet, les plus gros *Acer negundo* que
j'ai vus n'excédoient pas plus de 5o pieds (16 mèt.)
de hauteur sur 20 pouces (6 décimètres) de diamètre, et encore ces plus forts individus ne se trou-
vent-ils que dans le Tennessée et la haute Géorgie qui
sont situés assez avant vers le sud, car le plus généralement, dans le Kentucky, ils n'ont que la moitié
de cette élévation, et quoiqu'ils soient dans des forêts assez épaisses, leur sommet s'étend beaucoup et
forme la tête de pommier : c'est ce que j'ai particulièrement remarqué sur les bords de l'Ohio et de la
grande Muskingum où j'ai observé que le tronc de
ces arbres étoit toujours bosselé à différens intervalles, et souvent gâté dans le cœur. Une fort belle
rangée d'*Acer negundo* plantés dans le jardin des
plantes de Paris, vis-à-vis la rue de Buffon peut donner par leur port et même par leur force une idée
assez exacte de ceux que j'ai vus près de l'Ohio et
de la Monongahela , à peu de distance de Pittsburgh. De ce que je viens de dire, il paroîtroit ré-
sulter que cet arbre pour parvenir à son plus grand
développement exigeroit une température plus douce
au moins de trois à quatre degrés que celle du climat
de Paris , de Philadelphie et de Pittsburgh.

L'*Acer negundo* se ramifie promptement; il ne
forme pas une belle tige droite et élevée comme les
Erables à sucre et l'Erable noir, son tronc est revêtu
d'une écorce brune , et j'ai remarqué que le tissu
cellullaire avoit une odeur désagréable. La propor-

tion de l'Aubier au cœur est considérable, si ce n'est dans les très-vieux arbres, alors celui-ci est entremêlé de veines roses et bleuâtres; quelques ébénistes des Etats de l'Ouest en font de petites frises dont ils entourent les meubles qu'ils fabriquent en Cérisier de Virginie. Le bois de cet arbre a le grain très-fin et très-serré, et se fend, dit-on, très-difficilement; cependant comme il est susceptible de s'altérer très promptement quand il est exposé aux injures de l'air, on n'en fait aucun usage dans les pays où il est le plus commun. C'est par erreur qu'on a avancé que dans les Etats-Unis on fabriquoit du sucre avec sa sève.

L'*Acer negundo* a été, il y a plus de cinquante ans, introduit en France par l'amiral La Gallissonnière, et depuis cette époque, il s'est répandu successivement en Allemagne et en Angleterre, où il est fort recherché pour embellir les parcs et les jardins d'agrémens, soit à cause de la rapidité de sa végétation, soit surtout à cause de la beauté de son feuillage qui est d'un vert clair et qui tranche agréablement avec celui des arbres à côté desquels il se trouve placé. Ses jeunes branches, qui sont aussi d'une belle couleur verte, contribuent encore au choix qu'on en fait; elles servent aussi à le faire reconnoître dans le cours de l'hiver lorsque tous les arbres ont perdu leur feuillages.

Quant aux avantages que le bois de l'*Acer negundo* peut offrir aux arts, je crois que dans ces dernières années on les a un peu trop exagérées, nous possédons en Europe, et les Américains ont chez eux beaucoup d'espèces d'arbres qui lui sont très-préférables pour la force, et qui fournissent des pièces de plus fortes dimensions. Il paroît néanmoins assez certain que l'*Acer negundo*, converti en cépée et coupé tous les trois ou quatre ans, peut donner de grands produits par ses seuls rejetons qui sont nombreux : ils poussent dans les premières années avec une force étonnante, et s'élèvent à une hauteur remarquable. La réussite en sera d'autant plus assurée, que ces plantations seront faites dans un sol profond, constamment frais et humide : car bien que l'*Acer negundo*, paroisse prospérer pendant les premières années, dans un terrein sec et médiocre, il finit par y dépérir sensiblement ; c'est ce dont je me suis convaincu chez plusieurs grands propriétaires des environs de Paris qui, d'après quelques écrits récemment publiés sur cet arbre, avoient fait quelques tentatives pour tirer un meilleur parti de certaines pièces de terres maigres et sèches, en y plantant des *Acer negundo*.

PLANCHE XVIII.

Rameau représentant les feuilles et les graines de grandeur naturelle.

NYSSA *GRANDIDENTATA.*

THE LARGE TUPELO.

(Polygamie dioecie. Linn. Fam. des Elæagnoïdes. Juss.)

Nyssa *grandidentata , foliis longè petiolatis , ovalibus , acu-minatis : pedunculis fœm. 1-floris : fructibus cœruleis.*

Nyssa tomentosa. A. Mich. Fl. b. Am.

Obs. *Folia passim acutè grandidentata.*

Cette espèce de Nyssa est la plus remarquable de toutes celles de ce genre, par la grande élévation et la grosseur à laquelle elle parvient. D'après mes recherches personnelles , cet arbre est étranger à tous les États du Nord et du milieu, et il ne se trouve que dans la partie basse et maritime des deux Caro-lines, de la Géorgie et de la Floride Orientale, où il est désigné sous le nom de *Large Tupelo* , grand Tupelo. On m'a assuré qu'il étoit aussi fort com-mun dans la Basse-Louisiane , sur les bords du Mississippi, où il est appelé *Olivier sauvage, wild olive.* Enfin toutes les parties des États-Unis , où j'ai dit que croissoit le *Pinus australis* , peuvent être également regardées comme produisant le *Nyssa grandidentata.* Je présume même, quoiqu'avec moins de certitude, que cet arbre doit venir partout où l'on rencontre le *Cupressus disticha ;* ce qui sem-bleroit indiquer qu'il se trouve plus au Nord, même que la Virginie ; car ce dernier végétal abonde dans plusieurs marais du Maryland , à peu de distance de

Large Tupelo.

Nyssa grandidentata.

la mer. En effet, dans la Caroline du Sud et la Géorgie, que j'ai plus particulièrement visitées, j'ai remarqué que ces deux espèces d'arbres se trouvent assez constamment aux mêmes endroits, et que réunies aux *Quercus lyrata*, *Gleditsia inermis*, *Populus canadensis*, *Populus caroliniana*, *Juglans aquatica*, etc. , elles composent l'ensemble des forêts ténébreuses et presque impraticables, qui couvrent les marais fangeux, qui, dans ces États, bordent les rivières, depuis leur embouchure dans l'Océan, jusqu'à cent à deux cents milles dans l'intérieur des terres. Ceux de ces marais d'une grande étendue, qui sont encore enclavés au milieu des bois, produisent aussi les mêmes sortes d'arbres; et dans l'un et l'autre cas, leur présence indique d'une manière assez certaine que le sol est profond, que sa qualité est excellente, et que par conséquent, il est le plus propre pour la culture du riz.

Dans les débordemens annuels des rivières, les eaux couvrent entièrement ces marais, elles y séjournent et s'y élèvent quelquefois jusqu'à 5 et 6 pieds (2 mètres) de haut, comme on peut s'en assurer par la trace qu'elles laissent en se retirant, sur le corps des arbres qui n'en végètent qu'avec plus de vigueur, à en juger par leurs grandes dimensions. Ainsi, le *Nyssa grandidentata* parvient à 70 et 80 pieds (23 et 26 mètres), sur un diamètre de 15 à 20 pouces (4 à 6 décim.), immédiatement au-dessus de sa base conique, qui, dans cette espèce, est proportionnément plus considérable que dans la précédente ; car elle a quelquefois 5 à 6 pieds (2 mètres) de diamètre, au niveau du sol, et seulement 18 et 20 pouces (5 à 6 décim.), à 6 et 7 pieds (2 mètres) audessus de terre; diamètre que conserve ensuite le tronc jusqu'à 25 à 30 pieds (8 à 10 mètres).

Je ne pense pas, comme pourroient le croire quelques personnes, que cette amplitude extraordinaire de la partie inférieure du tronc de ce Nyssa, soit uniquement due à la grande humidité des lieux où il croît. Si cela étoit ainsi, les sept ou huit autres espèces d'arbres qui viennent avec lui dans les mêmes lieux, offriroient la même singularité; ce qui ne s'observe pas.

Les feuilles du *Nyssa grandidentata*, ont 5 à 6 pouces (15 à 18 centim.) de longueur, sur 2 à 3 pouces (6 à 9 centim.) de largeur; elles sont même deux fois plus grandes dans les jeunes individus qui poussent vigoureusement. Leur forme est ovale, et elles sont garnies sur leurs côtés, de deux ou trois larges dents, irrégulièrement placées et non opposées les unes aux autres, comme cela a lieu le plus ordinairement dans celles des autres arbres. Lors de leur développement au printemps, elles sont trèsvelues; mais à mesure qu'elles grandissent, elles deviennent entièrement lisses ou glabres sur leurs deux faces. Aux fleurs qui sont disposées en tête, succèdent des fruits assez gros, d'un bleu foncé, et de forme ovale-acuminée, qui contiennent un noyau

osseux, déprimé et fortement strié longitudinalement en-dessus et en-dessous. Ces fruits, froissés
dans une petite quantité d'eau, rendent un suc d'une
belle couleur purpurine qui m'a paru assez tenace ;
mais il est si peu abondant dans chaque fruit,
que je doute qu'on puisse jamais en tirer parti pour
la teinture, au moins d'une manière assez étendue.

Le bois de *Nyssa grandidentata* est d'une extrême
légèreté, et plus tendre que celui d'aucun autre arbre
que je connoisse dans les États-Unis. Ses fibres ligneuses présentent la même organisation que celles des espèces appartenant au même genre et s'entrecroissent
comme elles, en différentes directions. Ses racines sont
aussi plus tendres et plus légères. Cependant aucunes parties de cet arbre ne peuvent remplacer le
liège, soit pour boucher des bouteilles, ou pour les
autres usages, auquel l'écorce du Chêne liège est propre. Le seul service qu'on tire du bois de ce *Nyssa*, se
réduit donc à en faire des plats et des sébiles, parce
qu'il se travaille avec une grande facilité. Les pê-
cheurs se servent aussi de morceaux de ces racines,
pour soutenir dans l'eau leurs filets.

Tel est le résultat des observations que j'ai été à
même de recueillir sur cet arbre, qui ne paroît pas
devoir offrir un grand degré d'importance dans les
arts, et dont tout le mérite semble résider dans son
beau feuillage et son aspect agréable. Je remarque-
rai enfin qu'il supporte très-bien la température du
climat de Paris, et qu'il n'y exige pas un terrein

aussi aquatique que ceux dans lesquels on le trouve exclusivement dans le Midi des États-Unis.

PLANCHE XIX.

Rameau représentant les feuilles et le fruit de grandeur natu-relle. Fig. 1, noyau dépouillé de sa pulpe.

Sour Tupelo.
Nyssa capitata.

NYSSA *CAPITATA.*

SOUR TUPELO.

Nyssa *capitata, foliis brevissimè petiolatis , subcuneatò-oblongis : subtùs subcandicantibus ; pedunculis fœm. 1-floris : fructibus rubris.*

Nyssa candicans , A. Mich. Fl. b. Amér.

C'est dans l'État de Géorgie , sur les bords de la rivière Oguechee , au point où cette rivière coupe la route qui conduit de Savanah à Sunbury, que l'on commence à trouver le *Nyssa capitata*, lorsqu'on se . dirige vers le Sud; et au-delà de cette limite, on le rencontre dans tous les endroits qui sont favorables à sa végétation. Quelques personnes m'ont aussi assuré que cet arbre existoit dans la Basse-Louisiane; ce qui est très-vraisemblable, d'après ce que j'ai dit autre part, de la grande analogie qui existe entre le climat et la nature du sol des États méridionaux et ceux de la partie basse du Mississippi.

Cette espèce de Nyssa est connue en Géorgie, sous les noms de *Sour Tupelo*, Tupelo à fruits aigres , et de *wild limes*, *Citron* ou *Limon sauvage*. J'ai préféré la première de ces deux dénominations, quoique la moins usitée, parce qu'elle est plus convenable , attendu que ses feuilles, ses fleurs et ses fruits, n'ont pas la plus légère ressemblance extérieure avec ceux du Citronnier.

Les feuilles du *Nyssa capitata*, longues de 5 à 6 pouces (15 à 18 centim.), de forme ovale, et rare-

ment dentées, sont d'un vert clair en-dessus, et
glauques ou blanchâtres en-dessous. Les fleurs ressemblent beaucoup à celles du *Nyssa grandidentata;*
elles en diffèrent seulement en ce que les fleurs
mâles et les fleurs femelles, sont, dans cette espèce,
toujours placées sur des pieds différens : mais ce qui
est fort remarquable dans le *Nyssa capitata*, et ce
que je n'ai observé dans aucun arbre de l'Amérique Septentrionale, c'est que les individus mâles
ont un aspect tellement différent des individus femelles, qu'on peut les reconnoître au premier abord,
même lorsqu'ils sont privés de leurs feuilles en hiver.
Cette différence consiste en ce que dans les premiers,
les branches sont plus rapprochées du tronc, qu'elles poussent dans une direction plus verticale, enfin
qu'ils prennent un accroissement plus rapide que
les individus femelles, dont les branches s'étendent
plus horizontalement, et qui forment une tête plus
large et plus arrondie.

Les fruits du *Nyssa capitata*, portés sur d'assez
longs pétioles, sont de couleur rouge clair, de forme
ovale, et ils ont environ 15 à 18 lignes (33 à 40
millim.) de longueur. Ces fruits entourés d'une pellicule épaisse, sont très - acides. Ils contiennent,
comme ceux du *Nyssa grandidentata*, un noyau
oblong, très-gros et profondément strié sur ses deux
faces. On peut en faire au besoin, une boisson acide,
fort agréable, en y ajoutant du sucre ; mais ce ne
sera jamais qu'accidentellement qu'on en fera usage
dans les pays, où cet arbre est indigène, parce qu'ils

produisent le Citronnier qui lui est très-supérieur par
la grosseur, et, l'abondance de ses fruits, et par l'avantage qu'il a de croître dans les terreins les plus
médiocres et les plus exposés au soleil.

Des diverses espèces de Nyssa dont je donne la
description, c'est celle-ci qui s'élève le moins, car
elle acquiert rarement plus de 3o pieds (10 mètres)
de hauteur, sur 7 à 8 pouces (21 à 24 centim.) de
diamètre. On la trouve, comme le *Nyssa grandidentata*, dans les marais bourbeux, situés le long des
rivières, ou enclavés au milieu des forêts; et comme
son bois est également très-tendre, et qu'il est toujours d'un trop petit diamètre, pour être employé à
aucun usage que ce soit, cette espèce retombe naturellement dans le domaine des amateurs de cultures étrangères.

PLANCHE XX.

*Rameau représentant les feuilles et les fruits de grandeur natu-
relle. Fig. 1 , noyau dépouillé de sa pulpe.*

NYSSA *SYLVATICA.*

BLACK GUM.

Nyssa *sylvatica , foliis ovalibus , integerrimis ; petiolo , nervo medio , margineque villosis : pedunculis fœm. longis plerumquè 2-floris, nuce brevi , obovàtá , obtusè striatá.*

Nyssa villosa , A. Mich. Fl. b. Am.
Nyssa montana Hortulanorum.

Obs. *Interdùm culturá villositatem amittit , affinis N. aquatica.*

C'est dans le parc de M. W. Hamilton, situé à Woodland, distant d'environ trois milles de Philadelphie, endroit très - remarquable par la grande variété d'arbres de l'Amérique Septentrionale, qui s'y trouvent naturellement rassemblés, que j'ai observé pour la première fois, cette espèce de Nyssa. Je crois donc pouvoir en conclure, sans craindre trop de me tromper, que les bords de la rivière Schuylkill, près de cette ville, peuvent être considérés comme très-rapprochés des limites où elle commence à se montrer, en allant du Nord au Midi, quoiqu'elle se voie déjà assez communément dans les bois qu'on rencontre sur les routes qui conduisent à Lancaster et à Baltimore. Enfin, dans tous les États situés plus au Midi, tant à l'Est qu'à l'Ouest des montagnes, cet arbre est plus ou moins multiplié, suivant que le sol lui est favorable. Dans ces

Black Gum.

Nyssa sylvatica.

diverses parties des États-Unis, il est désigné sous le nom de *Black gum*, Gommier noir; de *Yellow gum*, Gommier jaune; et de *Sour gum*, Gommier sûr; dénominations qui ne se rattachent à aucune de ses propriétés particulières, et par conséquent sont assez mauvaises, mais qui sont consacrées par l'usage. La première m'a paru la plus usitée, et c'est le seul motif qui m'a déterminé à la choisir de préférence.

Ce Nyssa offre dans sa végétation une singularité assez remarquable. Dans le Maryland, la Virginie et les États de l'Ouest, où il croît dans les terreins élevés, ou à surface inégale, parmi les Chênes et les Noyers, qui, dans ces Contrées, sous cette latitude, composent la plus grande masse des forêts, il ne présente rien dans son aspect qui le fasse distinguer des autres arbres, tandis que dans la partie basse des deux Carolines et de la Basse-Géorgie, où il ne vient qu'aux lieux fort humides, avec le *Magnolia glauca*, le *Laurus caroliniensis*, le *Gordonia lasyanthus* et le *Quercus aquatica*, la partie inférieure du tronc est pyramidale ou en pain de sucre. Ainsi, dans un individu qui a 18 à 20 pieds (6 mètres), d'élévation, la base a 7 à 8 pouces (21 à 24 centim.) de diamètre, au niveau du sol, et seulement 2 ou 3 pouces (6 ou 9 centim.), à 1 pied (3 décim.) de terre ; proportions, qui d'ailleurs varient eu égard aux dimensions différentes de chaque arbre en particulier.

Le *Nyssa sylvatica* acquiert une élévation beaucoup plus grande que le *Nyssa aquatica* , car il parvient fréquemment à 60 et 70 pieds (20 à 23 mètres), sur un diamètre de 18 à 20 pouces (5 à 6 décim.) J'ai eu aussi occasion d'observer que ceux qui croissent dans les terreins élevés, mais de bonne qualité, dans la Haute-Virginie, le Kentucky et le Tennessée, ont des dimensions beaucoup plus fortes que ceux qui viennent dans les lieux très-aquatiques, comme dans la partie maritime des États méridionaux.

Les feuilles du *Nyssa sylvatica*, disposées alternativement sur les branches , sont entières, longues de 5 à 6 pouces (14 à 16 centimètres), de forme ovale, très-alongées, et portées sur des pétioles courts et velus. Les fleurs fort petites et peu aparentes, sont réunies en tête, comme celles de l'espèce suivante. Les fruits qui leur succèdent, sont aussi en tout, semblables à ceux de cette même espèce, soit par leur forme ovale alongée, soit par leur couleur bleu foncé, soit par le noyau qui est aussi légèrement convexe et strié longitudinalement sur ses deux faces; ils en diffèrent néanmoins, en ce qu'ils sont de moitié plus gros.

L'écorce qui couvre le tronc de cet arbre est blanchâtre, et assez semblable à celle des jeunes Chênes blancs. Le bois, dont le grain est d'une texture très-fine, mais assez tendre, présente la même organisation que dans toutes les espèces de ce genre, et qui consiste en ce que ses fibres ligneuses sont réunies en faisceaux, et s'entre-croisent ou s'enchevêtrent les unes dans les autres. Dans les vieux arbres

qu'on trouve sur les terres hautes, et par conséquent assez sèches, l'aubier est ordinairement d'une
couleur jaunâtre, ce qui est considéré par quelques
charrons, comme une indice, que le bois est de
meilleure qualité ; et c'est probablement pour
cela, que cet arbre est quelques fois nommé *Yellow
gum*, Gommier jaune, quoique le cœur soit d'un
brun foncé.

Dans presque toute la Virginie, le bois du *Nyssa
sylvatica*, est employé à faire des moyeux de carrosses, de cabriolets et de chariots. A Richemond, à
Baltimore, à Philadelphie et dans les autres villes,
les chapeliers en font fabriquer les formes de chapeaux, et ils le préfèrent à toutes les autres espèces de bois, parce qu'il a la propriété de ne pas se
fendre, de manière à augmenter de volume. Dans
les États méridionaux, on s'en sert aussi dans
les moulins à riz; on en fait le cylindre denté, dont
le mouvement de rotation fait hausser et baisser les
pilons, qui, tombant dans les auges où l'on a mis le
riz, le broyent et le dépouillent de son enveloppe.
Les dents chassées avec force dans les trous prati-
qués à cet effet, dans le corps du cylindre, y sont
retenues fortement par la rétraction, en différens
sens, des fibres ligneuses, due à cette disposition
particulière, dont j'ai parlé. C'est aussi à cause de
cette propriété qui le rend si difficile à fendre, qu'à
bord des vaisseaux, on choisit ce bois pour en faire le
Cap, pièce destinée à recevoir la partie inférieure
des mâts supérieurs.

Tels sont les principaux usages auxquels le bois du *Nyssa sylvatica* est généralement employé : ces usages sont les mêmes que ceux auxquels est propre celui du *Nyssa aquatica*; et les observations que je ferai, en traitant de celui-ci, pourront également s'appliquer à celui-là, dont le bois n'est pas meilleur, mais qui offre l'avantage de ne pas exiger autant d'humidité pour végéter. Et quoique l'un et l'autre puissent supporter la température du climat de Paris, cependant il viendroit encore beaucoup mieux à deux ou trois degrés plus au Midi.

PLANCHE XXI.

Rameau représentant les feuilles et les fruits de grandeur naturelle. Fig. 1 , noyau dépouillé de sa pulpe.

Tupelo.

Nyssa aquatica.

NYSSA *AQUATICA.*

TUPELO.

Nyssa *aquatica , foliis ovalibus , integerrimis ; pedunculis fœm. bifloris : drupá brevi , ob-ovatá ; nuce striatá.*

Nyssa biflora , A. Mich., Flora b. Amer.

C'est dans la partie inférieure de l'Etat de New-Hampshire, où l'air est tempéré par le voisinage de la mer, qu'on commence à trouver cette espèce de Nyssa, en allant du Nord vers le Sud; mais il est comparativement plus abondant que partout ailleurs dans le bas des Etats de New-York, de New-Jersey et de la Pensylvanie. Il y est désigné assez indistinctement sous les différens noms de *Tupelo ;* de *Gum tree,* Gommier; de *Sour Gum,* Gommier sûr, et de *Peperidge,* dénominations dont je n'ai pu apprendre ni la signification ni l'origine. La première m'a semblé la plus usitée, et je l'ai préférée seulement à cause de cela; la seconde est certainement assez mauvaise, puisqu'il ne découle de cet arbre aucun suc qui se condense par lui-même; la troisième est seulement en usage parmi les descendans des Hollandais, assez nombreux dans les environs de la ville de New-York.

Le Tupelo appartient à la classe des arbres qui viennent seulement aux lieux humides; ainsi, dans le New-Jersey, on le trouve constamment autour

des marais, mêlé avec le véritable Erable rouge, le
Liquidambar styraciflua, le *Quercus discolor*, le
Quercus palustris et *l'Ulmus americana*. Cet arbre
s'élève rarement à plus de 40 à 45 pieds (13 à 15
mètres), sur 15 à 18 pouces (4 à 5 décimètres) de
diamètre. Ses branches qui commencent à cinq ou
six pieds (2 mètres) de terre, m'ont paru affecter
une direction très-horizontale ; et j'ai cru remarquer également que les pousses des deux dernières
années n'étoient presque jamais ramifiées, et qu'elles
étoient sensiblement écartées des tiges principales.
Le tronc, d'une grosseur uniforme, à partir de sa
base, est revêtu d'une écorce qui n'offre rien de remarquable, tant qu'il reste au-dessous de 8 à 10
pouces (2 à 3 décimètres) de diamètre ; mais lorsqu'il est parvenu à son entier développement, et
qu'il est d'une belle venue, son écorce est fort
épaisse et profondément crevassée ; et on remarque
que ces crevasses ou divisions de l'écorce, la par-
tagent de manière à présenter des hexaèdres, qui
quelquefois sont très-réguliers ; particularité que je
n'ai observée que dans l'espèce que je décris, et que
je n'ai pas cru devoir omettre.

Les feuilles du *Nyssa aquatica* sont longues d'environ trois pouces, (9 centim.), de forme obovale
lisses, entières, légèrement glauques à leur surface
inférieure et disposées alternativement sur les branches ; dans cette espèce, elles sont souvent réunies
en paquets aux extrémités des petites pousses laté-
rales. Les fleurs, petites et peu apparentes, sont

rassemblées en tête et portées sur des pétioles longs de 1 à 2 pouces (3 à 6 centim.) Aux fleurs succèdent les baies ou fruits, de forme ovale et d'un bleu foncé, qui sont toujours abondants, et qui restent longtems sur les arbres, après que les feuilles sont tombées; ils forment une partie de la nourriture du *Turdus migratorius*, dans sa migration, à l'automne, du Nord vers le Sud. Ces fruits de la grosseur d'un pois, et attachés deux à deux sur un pédicule commun, contiennent un noyau osseux, déprimé d'un côté, légèrement convexe de l'autre, et strié longitudinalement. Les graines sont à maturité vers le 1er novembre ; écrasées dans l'eau, elles rendent un suc épais, onctueux et verdâtre, qui se mêle difficilement à l'eau. Ce suc est d'une saveur un peu amère, et je ne sache pas qu'on ait jamais tenté de l'approprier à aucun usage économique. Je crois même qu'il est peu susceptible d'entrer en fermentation, et par suite de donner un produit spiritueux ou même d'être converti en vinaigre.

Le bois de ce Nyssa , quant à sa texture et à sa pesanteur , me paroît devoir être rangé dans la classe de ceux qui tiennent le milieu entre les arbres à bois dur et ceux à bois tendre. Lorsqu'il est bien sec , son aubier a une légère teinte rougeâtre , et le cœur est d'un brun foncé. Il arrive très-fréquemment que les arbres qui excèdent 15 à 18 pouces (4 à 5 décimètres) de diamètre, sont creux dans plus de la moitié de leur intérieur ; c'est un fait que j'ai eu souvent occasion de vérifier par moi-même.

Dans tous les arbres que nous connoissons, les fibres ligneuses qui composent le tronc, sont étroitement unies entr'elles, et s'élèvent verticalement : quelquefois aussi, par un jeu de la nature dont on ne peut assigner la cause, ces fibres vont en serpentant, ou forment des ondulations en lignes droites, comme dans l'Erable rouge et l'Erable à sucre; ou encore, comme dans ce dernier, elles se tortillent à de petits intervalles de 1, 2 et 3 lignes (2, 4 et 6 millim.); enfin, comme dans l'Orme tortillard, elles suivent en s'élevant, une direction tellement oblique, quelles reparoissent à des distances de 4 5 et 6 pieds (12, 16, 19 décim.) du même côté. Dans ces arbres, ces dispositions ne sont qu'accidentelles, et ne se rencontrent pas dans la 500ᵉ partie de ceux qui croissent naturellement dans les forêts, et c'est pour cette raison qu'on n'est jamais assuré d'avoir des arbres dont le bois ait la même texture, à moins qu'on ne les greffe, ou qu'on ne prenne des rejetons à leur pied. Le bois des Nyssas présente, au contraire, une organisation toute particulière. Les fibres ligneuses sont réunies en faisceaux, qui se croisent et s'enchevêtrent les uns dans les autres, et qu'on pourroit comparer à une tresse ronde; disposition qui n'est pas accidentelle comme dans les arbres que j'ai cités plus haut, mais qui existe constamment dans toutes les espèces de Nyssa, et qui fait que leur bois est de la plus grande difficulté à fendre lorsqu'il n'est pas coupé en tronçons très-courts. Cette propriété particulière le rend propre plus que tout autre, à certains usages particuliers. A New York, dans le New Jersey et surtout à Philadelphie, on en fait tous les moyeux des roues de carrosses et de chariots. Cependant dans quelques parties du New Jersey, et même de la Pensylvanie, il y a des charrons qui, pour les moyeux des chariots destinés à porter de grandes charges, donnent la préférence au Chêne blanc, comme plus solide, quoique j'aie dit à l'article de celui-ci, qu'il étoit peu propre à cet objet, parce qu'il est très-sujet à se fendre. L'opinion est donc partagée à cet égard, et on peut en conclure que le bois du Nyssa n'est employé à cet usage important qu'en raison de son organisation, et non à cause de sa solidité et de sa résistance. L'absence de ces dernières propriétés auroit de bien plus graves inconvéniens en France, où les roues des grosses voitures, ont des moyeux de 20 pouces (5 décim.) de diamètre, à l'insertion des jantes, et des essieux qui, quelquefois, pèsent 350 livres, (près de deux quintaux mètriques); car ces voitures à deux roues, sont calculées pour porter pendant de longs trajets, jusqu'à 9 milliers (450 quintaux métriques), tandis que dans les États-Unis, la charge des chariots excède rarement la moitié de ce poids.

De tout ce que je viens de dire, il résulte que le bois des Nyssas ne conviendra jamais en Europe pour faire les moyeux des plus grosses voitures, qui sont toujours en Orme tortillard, soit parce qu'il manque de solidité, soit parce qu'il ne parvient pas à un assez

grand diamètre. Mais si, à cette singulière organisation qui lui est naturelle, et qui le rend presque
impossible à fendre, il réunissoit la force de l'Orme;
si, comme lui, il pouvoit parvenir à un diamètre trois
fois plus grand, croître dans des terreins secs, élevés
et de médiocre qualité; si enfin, il avoit une végétation plus accélérée, alors, je ne crains pas de le
dire, cet arbre seroit pour les arts mécaniques, le
plus précieux de tous ceux que produisent les forêts
de l'Europe et de l'Amérique Septentrionale.

Dans la Pensylvanie et le New-Jersey, beaucoup
de fermiers préfèrent les planches de Nyssa à celles
de tous les autres bois, pour faire le fond et les
côtés de leurs chariots; l'expérience leur ayant appris qu'elles durent très-long-temps. On en fabrique
aussi des sébiles qui sont un peu moins légères que
celles du Tulipier, mais qui se fendent, dit-on, moins
aisément. Comme combustible, le bois de ce Nyssa
brûle très-lentement et jette cependant beaucoup
de chaleur; c'est pour cela qu'à Philadelphie, plusieurs personnes, en faisant leur provision de bois
pour l'hiver, achètent une certaine quantité de grosses bûches de Nyssa, qui se vendent séparément: on
les met dans la cheminée derrière les autres, et elles
conservent long-temps le feu.

Tels sont les résultats de mes recherches sur l'emploi dans les arts, du bois de cette espèce de Nyssa.
Les remarques que j'ai cru devoir faire, en le com-
parant à l'Orme tortillard d'Europe, sous le rapport de l'un des usages les plus importans auxquels

le bois de l'un et de l'autre est généralement adapté
pourront servir aux forestiers Européens, pour
asseoir leur opinion, et aux Américains pour les
engager à multiplier l'Orme tortillard.

PLANCHE XXII.

*Rameau représentant les feuilles et les fruits de grandeur na-
turelle. Fig. 1, noyau dépouillé de sa pulpe.*

GYMNOCLADUS *CANADENSIS.*

THE COFFEE TREE.

Gymnocladus *canadensis , foliis bipinnatis , amplissimis , deciduis ; foliolis ovalibus , acuminatis. Floribus racemosis , leguminibus magnis ; polyspermis.*

Le Haut-Canada au-dessus de Mont-Réal, et le Génessée qui avoisine les lacs Erié et Ontario, sont les parties les plus septentrionales, où se trouve le *Gymnocladus canadensis*, mais il y est assez rare ; tandis qu'il est, au contraire, beaucoup plus multiplié dans les États du Kentucky et de Tennessée, ainsi que dans toutes les contrées situées entre l'Ohio et la rivière des Illinois, entre les 35ᵉ et 40ᵉ degrés de latitude. Le grand développement auquel il parvient dans ces dernières contrées, est une suite de l'extrême fertilité du sol et d'une température beaucoup plus douce.

Les Français du Canada donnent à cet arbre le nom de *Chicot*; ceux des Illinois, celui de *Gros févier*, et dans les États de l'Ouest, on le nomme *Coffee tree*, arbre à café.

Au Kentucky et dans le Tennessée, la présence du *Gymnocladus canadensis*, est le signe caractéristique des meilleures terres. Il s'y trouve réuni avec le Noyer noir, l'Orme rouge, le Tulipier, le Frêne bleu, le *Gleditsia 3-acanthos* et le *Celtis grandifolia*, avec lesquels il croît le plus habituellement et qu'il égale en hauteur, mais non en grosseur ; car la plupart des *Gymnocladus* que j'ai vus,

Coffee Tree

Gymnocladus canadensis

avoient moins de 12 à 15 pouces (32 à 40 centim.)
de diamètre, quoique j'aie estimé qu'ils pouvoient
avoir de 50 à 60 pieds (16 à 19 mètres) d'élévation.

Cet arbre parvenu à son entier accroissement, est
en été, d'une belle apparence; car son tronc très-
droit et souvent dégarni de branches, jusqu'à la
hauteur de plus de 30 pieds (10 mètres), supporte
une cime touffue et d'une forme naturellement régulière, mais, qui cependant embrasse peu d'espace;
tel est au moins l'aspect qu'il m'a paru présenter
dans les forêts primitives, lorsqu'il est resserré par
les autres arbres avec lesquels il croît. Dans l'hiver,
au contraire, lorsqu'il est privé de ses feuilles, ses
branches peu nombreuses et dont les terminales sont
très-grosses, comparativement à celles des autres arbres, donnent à son port un aspect qui lui est propre et qui le fait ressembler à un arbre mort. C'est
probablement à cause de cela, que les Français
Canadiens lui ont donné le nom de *Chicot*, *Stump
tree*. A ce caractère particulier, il en réunit un autre,
c'est que son écorce (*epiderme*) est extrêmement
raboteuse, parce qu'elle se détache transversalement
en petites lanières, contournées et ligneuses, dont la
saillie est assez forte pour faire distinguer cet arbre
au premier abord. J'ai également remarqué que le
tissu cellulaire, ou la partie vive de l'écorce, avoit
une très-grande amertume, et que si on en mâchoit
long-temps un morceau, seulement de la grosseur
d'un grain de maïs, elle produisoit une assez forte
irritation à la gorge.

Les feuilles du *Gymnocladus canadensis* ont quelquefois près de 3 pieds (1 mètre) de longueur, sur 20 pouces (6 décim.) de largeur, dans les jeunes individus qui poussent vigoureusement; mais elles ont moitié moins de cette grandeur, dans les vieux arbres. Ces feuilles sont doublement ailées, et garnies de folioles ovales-acuminées et longues de 1 à 2 pouces (3 à 6 centim.) Elles sont d'un vert sombre, et le pétiole sur lequel elles sont attachées, est de couleur violette à l'automne.

Le *Gymnocladus canadensis* appartient à la classe de la dioécie de Linnæus, qui renferme tous les végétaux, dont les fleurs mâles et les fleurs femelles sont sur des pieds différens, de sorte qu'il n'y a que ceux qui portent des fleurs femelles, qui donnent des fruits; encore est-il absolument nécessaire qu'un individu mâle se trouve dans le voisinage, pour que la fécondation puisse s'opérer. Les fruits et les fleurs sont des gousses très - larges, d'un rouge brun, arquées et pulpeuses intérieurement. Elle contiennent plusieurs grosses graines de couleur grise, et qui sont d'une grande dureté ; les Français de la Haute-Louisiane leur donnent le nom de *Gourganes*.

Le nom de *Coffee tree*, arbre à café, donné à cet arbre par les premiers émigrans qui allèrent s'établir dans le Kentucky et le Tennessée, vint de ce qu'ils crurent trouver dans ses graines torréfiées, et ensuite moulues, une substance susceptible de remplacer le véritable café; mais le petit nombre de personnes qui à cette époque en firent usage, l'abandonnèrent dès qu'ils eurent la facilité d'obtenir de ports de mer, du café des colonies occidentales.

Le bois du *Gymnocladus* est très-compacte et de couleur rose. Le grain qui en est très-fin et très-serré, le rend propre à l'ébénisterie; il l'est également pour la bâtisse, parce qu'il paroît avoir beaucoup de force. De même que l'Acacia, il possède une qualité précieuse, c'est que son aubier se convertit rapidement en cœur ou vrai bois, tellement qu'un arbre de 6 pouces (18 centim.) de diamètre, n'a que 6 lignes (2 millim.) d'aubier, et pourroit être employé dans presque tout son entier. Ces bonnes qualités doivent donc engager à le propager dans les forêts du milieu et du Nord de l'Europe.

Le *Gymnocladus canadensis* a été envoyé du Canada en France, depuis plus de cinquante ans; il réussit très-bien aux environs de Paris, où il en existe plusieurs individus, qui ont plus de 40 pieds (13 mètres); mais qui ne fructifient pas; on est donc encore réduit à le multiplier de rejetons, qu'on obtient facilement, en faisant de petites tranchées autour des vieux arbres. Les racines coupées donnent des jets de 3 à 4 pieds (1 mètre), dès la première année. Ces jeunes pieds sont recherchés pour l'embellissement des parcs et jardins paysagistes, à cause de la beauté de leur feuillage.

PLANCHE XXIII.

Rameau avec les fleurs de grandeur naturelle. Fig. 1, gousse de grandeur naturelle. Fig. 2, graine de grandeur naturelle.

PINCKNEYA *PUBENS.*

Pinckneya *pubens , foliis oppositis , ovalibus , utrinquè
acutis ; subtomentosis.*

Obs. *Floribus majusculis , pallentibus et purpureò-lineatis ,
fasciculatò-paniculatis. Capsulis subrotundis , modicè
compressis : seminibus numerosis.*

Cet arbre , encore plus intéressant par la propriété de son écorce, que par la beauté de ses fleurs
et du son feuillage , est indigène des parties les plus
méridionales des Etats-Unis. Il est très-probable qu'il
croît également dans les deux Florides et la Basse-
Louisiane. C'est sur les bords de la rivière Sainte-
Marie, que mon père le trouva pour la première
fois, en 1791, et d'où il en rapporta à Charleston ,
des graines et quelques pieds qu'il planta dans un
jardin qu'il possédoit près de cette ville : quoique
le sol fût mauvais , il y réussît si bien, que lorsque
je visitai ce jardin en 1807, j'y trouvai plusieurs
Pinckneya qui avoient déjà 25 pieds (8 mètres)
de hauteur, et 7 à 8 pouces (21 à 24 centim.) de
diamètre ; ce qui paroît prouver que cet arbre n'exige
pas une température très-chaude ni un terrein très-
substantiel pour végéter.

Mon père reconnut que le *Pinckneya pubens* avoit
une grande affinité avec le genre Cinchona, qui
donne le *Kinkina,* mais que cependant il en différoit

Georgia Bark

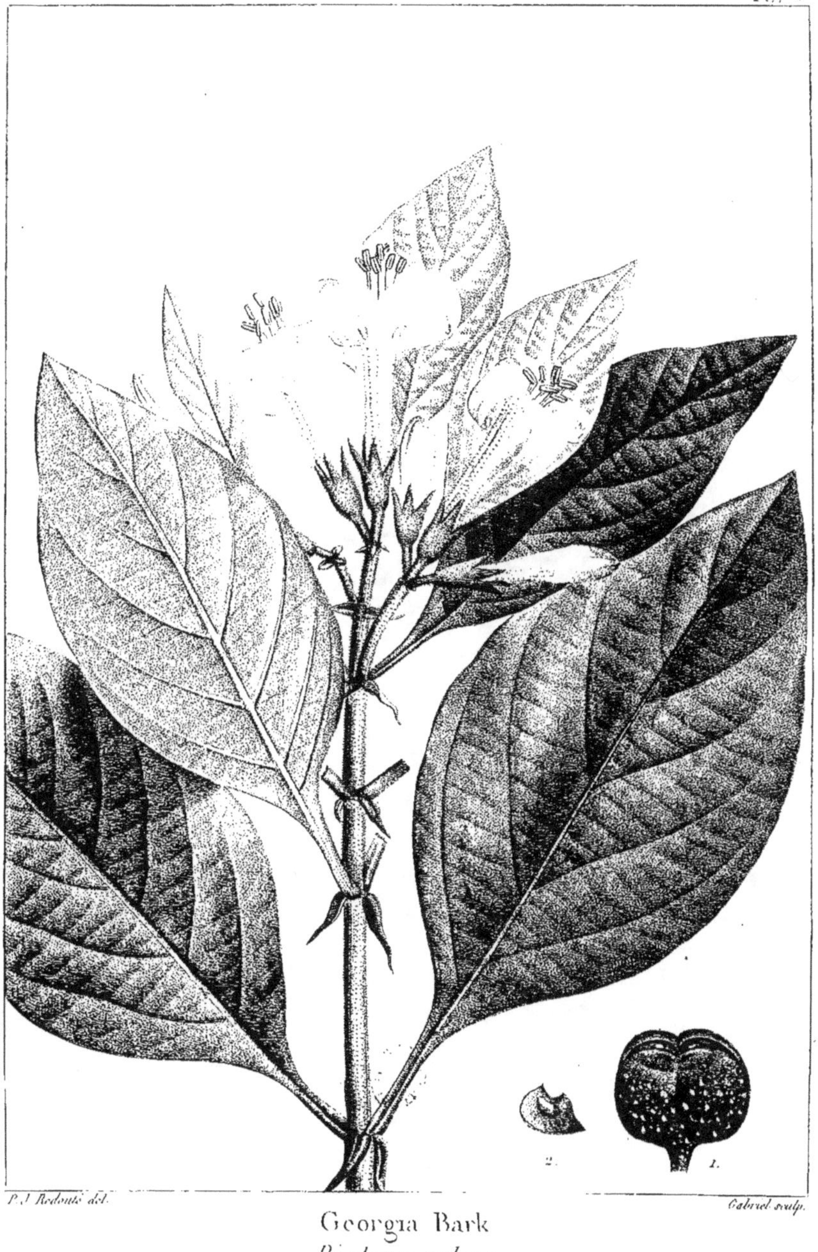

Pinckneya pubens

assez, pour en être séparé et former un nouveau genre. Guidé par la reconnoissance et le respect, il le consacra à M^r. Ch. C. Pinckney, Amateur éclairé des sciences et des arts, et dont mon père et moi, avons reçu tant de marques de bienveillance et d'estime, pendant notre séjour dans la Caroline Méridionale.

Le Pinckneya est un arbre très - branchu et peu élevé; car il acquiert rarement plus de 25 pieds (8 mètres) de hauteur, sur un diamètre de 5 à 6 pouces (14 à 16 centim.), à sa base. Un sol frais et ombragé, paroît le plus propre au développement de sa végétation. Ses feuilles longues de 4 à 5 pouces (11 à 14 centim.), d'un vert clair, et opposées les unes aux autres, sont velues en-dessous, ainsi que les jeunes pousses auxquelles elles sont attachées. Ces fleurs assez grandes et de couleur blanche, striées longitudinalement de rose, forment de belles panicules aux extrémités des branches. Chaque fleur est accompagnée d'une feuille florale, qui est aussi bordée de rose à sa partie supérieure. A ces fleurs succèdent des capsules, arrondies et comprimées dans leur milieu, qui contiennent un grand nombre de petites graines ailées.

Le bois du *Pinckneya pubens* est très-tendre, et ne ne peut être employé dans les arts; mais son écorce intérieure est d'une grande amertume : et comme il a le plus grand rapport avec le Cinchona, il paroît qu'il participe de ses qualités fébrifuges, car les habitans de la partie la plus méridionale de la Géorgie, l'emploient avec succès, dans la guérison des fièvres intermittentes, si communes dans les États du Midi, sur la fin de l'été et pendant l'automne. On fait bouillir une poignée de cette écorce, dans un litre d'eau, on la fait réduire à moitié et on l'administre aux malades. Cette propriété de l'écorce du *Pinckeneya*, lui a fait donner le nom de *Georgia Bark*, Kinkina de la Géorgie.

PLANCHE XXIV.

Rameau avec les feuilles et les fleurs de grandeur naturelle.
Fig. 1, le fruit. Fig. 2, graine.

TABLE.

Introduction à l'histoire des Chênes de l'Amérique septentrionale. . . . page 1
Disposition méthodique. 11
Quercus alba. . . . Chêne blanc . . . . . *White oak.* 13
Q. olivæformis . . Chêne à cupule chevelue. . *Mossy cup oak.* 32
Q. macrocarpa. . Chêne frisé à gros gland . . *Over cup white oak* . . 34
Q. obtusiloba. . . Chêne à poteaux . . . *Post oak.* 36
Q. lyrata. . . . Chêne à gland renfermé. . *Over cup oak.* 42
Q. prinus discolor. Chêne blanc de Swamps. . *Swamp white oak.* . . . 46
Q. prinus palustris. Chêne blanc châtaignier. . *Chesnut white oak.* . . . 51
Q. prinus monticola. Chêne châtaignier des rochers. *Rock chesnut oak.* . . . 55
Q. prinus acuminata. Chêne jaune. . . . . . *Yellow oak.* 61
Q. prinus chincapin. Chêne châtaignier nain . . *Small chesnut oak.* . . . 64
Q. virens. . . . . Chêne vert . . . . . . *Live oak.* 67
Q. phellos. . . . Chêne saule. . . . . . *Willow oak.* 75
Q. imbricaria. . . Chêne à feuilles de laurier. . *Laurel oak.* 78
Q. cinerea. . . . Chêne cendré . . . . . *Upland willow oak* . . . 81
Q. pumila. . . . Chêne nain . . . . . . *Running oak* 84
Q. heterophylla. . Chêne heterophylle. . . . *Bartram's oak* 87
Q. aquatica. . . . Chêne aquatique . . . *Water oak.* 89
Q. ferruginea. . . Chênè ferrugineux. . . . *Black jack oak.* 92
Q. banisteri. . . Chêne d'ours . . . . . *Bear's oak* 96
Q. catesbœi. . . Chêne de Catesby. . . . *Barrens scrub oak* . . . 101
Q. falcata. . . Chêne falqué. . . . . *Spanish oak* 104
Q. tinctoria. . . Chêne noir. . . . . . *Black oak* 110
Q. coccinea. . . Chêne écarlate. . . . *Scarlet oak.* 116
Q. ambigua. . . Chêne gris. . . . . *Grey oak.* 120
Q. palustris . . Chêne à chevilles . . . *Pine oak.* 123
Q. rubra. . . . Chêne rouge. . . . . *Red oak.* 126
Betula papyracea . Bouleau à papier. . . *Canoe birch.* 133
Betula populifolia. Bouleau à feuille de peuplier. *White birch.* 139
Betula rubra. . . Bouleau rouge. . . . *Red birch* 142
Betula lenta. . . Bouleau mérisier. . . *Black birch.* 147
Betula lutea. . . Bouleau jaune. . . . . *Yellow birch.* 152
Castanea vesca. . . Châtaignier d'Amérique. . *American chesnut* . . . 156
Castanea pumila. . Chincapin. . . . . . *Chincapin.* 166

Fagus sylvestris. . . .	Hêtre blanc	*White beech.*	Pag. 170
Fagus ferruginea. . . .	Hêtre rouge.	*Red beech.* . . .	174
Chamærops palmetto. .	Choux palmiste. . . .	*Cabbage tree.* . .	186
Ilex opaca.	Houx d'Amérique. . . .	*American holly.*	191
Diospyros virginiana. .	Plaqueminier.	*Persimon.*	195
Acer eriocarpum. . .	Erable blanc.	*White maple.* . .	205
Acer rubrum. . . .	Erable rouge.	*Red flowring maple.*	210
Acer saccharinum . .	Erable à sucre	*Sugar maple* . .	218
Acer nigrum.	Erable noir.	*Black sugar tree* .	238
Acer stiatum.	Erable jaspé.	*Moose wood* . .	242
Acer negundo . . .	Erable negundo. . . .	*Box elder* . . .	247
Nyssa grandidenta. .	Grand tupelo.	*Large tupelo* . .	252
Nyssa capitata. . .	Tupelo à fruit aigre. . .	*Sour tupelo.* . .	257
Nyssa sylvatica. . .	Tupelo des terreins secs.	*Black gum* . .	260
Nyssa aquatica. . . .	Tupelo aquatique. . . .	*Tupelo* . . .	265
Gymnocladus canadensis.	Chicot	*Coffee tree* . .	272
Pinckneya pubens . .	Kinkina de Géorgie. . .	*Georgia bark* . .	276